WISSEN *leicht gemacht*

BIONIK

DIPL.- MINERALOGIN
MARTINA RÜTER

Compact Verlag

© 2008 Compact Verlag München
Alle Rechte vorbehalten. Nachdruck, auch auszugsweise,
nur mit ausdrücklicher Genehmigung des Verlages gestattet.
Chefredaktion: Dr. Angela Sendlinger
Redaktion: Anke Fischer
Produktion: Wolfram Friedrich
Abbildungen: Lidman Productions, Stockholm; pixelio.de, München;
Gruppo Editoriale Fabbri, Mailand; dpa-Picture-Alliance, Frankfurt;
Compact Verlag, München
Titelabbildungen: dpa-Picture-Alliance, Frankfurt
im Uhrzeigersinn: Flugversuch von Otto Lilienthal mit dem
zuletzt konstruierten Hängegleiter; Glasdach auf dem Münchner
Olympiagelände; Netz einer Radnetzspinne mit Tautropfen;
Höckerschwäne

Gestaltung: Axel Ganguin
Umschlaggestaltung: Hartmut Baier

ISBN 978-3-8174-6084-7
5460841

Besuchen Sie uns im Internet: www.compactverlag.de

Inhalt

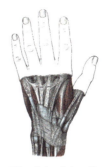

Ursprünge der Bionik 5
Antike: Die Sage von Dädalus und Ikarus 5
Bionikpioniere 7

Was ist Bionik? 14
Analogien 15
Evolutionsstrategie 19

Strukturbionik: Oberflächen im Nanokosmos 22
Lotuseffekt 24
Kleben und haften 33
Optische Eigenschaften von Glas- und Kunststoffoberflächen 42

Bewegungsbionik: fliegen, schwimmen und laufen 48
Segeln und fliegen 48
Schwimmen und tauchen 60
Krabbeln und laufen 70

Konstruktions- und Baubionik: Verfahrenstechnik und Architektur 76

    Baumaterialien und ihre Struktureigenschaften 77
    Bauteiloptimierung 86
    Bionische Architektur 91

Sensorbionik: Reize und Informationsverarbeitung 101

    Reiz- und Reflex 104
    Ultraschall zur Ortung und Kommunikation 110
    Elektroortung 114
    Wärmeortung 117
    Neurobionik 118

Ausblick 125
    Trend: Nanotechnologie 125

Register 127

Ursprünge der Bionik

Fliegen wie ein Vogel, schwimmen wie ein Delfin, Wände und Decken entlang spazieren wie eine Fliege oder Bauten erschaffen wie Termiten – der Wunsch des Menschen, all diese Fähigkeiten ebenso gut zu beherrschen wie die Vorbilder in der Natur, ist so alt wie die Menschheit selbst. Pflanzen und Tiere sind in vielen Bereichen dem Menschen deutlich überlegen. Naturbeobachtungen dienten somit schon immer als Vorlage und Ideengeber für praktische Erfindungen.

Delfine aus dem „Megaron der Königin" in Knossos

Antike: Die Sage von Dädalus und Ikarus

Der römische Dichter Ovid (43 v. Chr.–17 n. Chr.) berichtete in seiner Sage von Dädalus, einem berühmten griechischen Baumeister, Künstler und Erfinder. Dädalus war nicht nur genial, sondern auch eifersüchtig auf seinen ebenfalls äußerst begnadeten Neffen, der bei Dädalus in die Lehre ging. Aus Angst, seines Schülers Name könnte größer werden als der seine, ermordete Dädalus ihn. Daraufhin floh er auf die Insel Kreta. Dort herrschte König Minos, in dessen Auftrag Dädalus ein riesiges Labyrinth, oder besser einen Irrgarten ohne Ausgang, für den Minotaurus – ein Ungeheuer in Gestalt eines Menschen mit Stierkopf – erbaute. Später fiel Dädalus bei Minos in Ungnade und der König verbot ihm, die Insel zu verlassen. Doch Dädalus ersann einen Fluchtweg: „Minos kann das Land und das Wasser kontrollieren – über die Luft hat er jedoch keine Gewalt." Nach dem Vorbild der Vögel fertigte Dädalus für sich und seinen Sohn Ikarus Flügel an. Er sammelte Federn und verband sie mit Kerzenwachs. Am Tag der Flucht stiegen Vater und Sohn auf eine hohe Klippe und entflohen über das Meer. Doch der übermütige Ikarus kam der Sonne zu nah. Ehe er sich versah, schmolz das Wachs und seine Flügel brachen auseinander. Ikarus stürzte ins Meer und starb – und Dädalus brach es das Herz.

> **! Bionik**
>
> Der Begriff „Bionik" ist ein Kunstwort aus dem ersten Teil des Wortes „Biologie" und der zweiten Silbe des Wortes „Technik". Bionik meint, kurz gesagt, das Lernen von der Natur für eine verbesserte Technik.

sche Innovationen ist das Verständnis des zugrunde liegenden Naturprinzips notwendig. Erst wenn man das Prinzip versteht, gelingt die Übertragung auf technische Anwendungen. Genau dieser Transfer biologischer Prinzi-

Frederic Leighton: Dädalus und Ikarus

Das tragische Ende dieses Mythos zeigt anschaulich, dass es nicht ausreicht, die Natur einfach zu kopieren. Für erfolgreiche techni-

> **? Schon gewusst?**
>
> Minos, der Sohn des Zeus, verlangte vom Meeresgott Poseidon, ihm Tribut zu zollen. Poseidon schenkte Minos einen Stier unter der Bedingung, diesen wieder zu opfern. Minos brachte es jedoch nicht über sein Herz und ließ den Taurus am Leben. Dies erzürnte Poseidon und er verfluchte zur Strafe die Frau des Minos, die sich daraufhin in den Stier verliebte. Dädalus erbaute ihr eine hölzerne Kuh, in die sie hineinstieg, um sich mit dem Stier zu vereinen. Minos' Frau gebar den Minotaurus, eine Gestalt mit menschlichem Körper und dem Kopf eines Stiers.

pien auf technische Verfahren ist das Arbeitsgebiet der interdisziplinären Wissenschaft Bionik.

Bionikpioniere

Einer der ersten Bioniker war wahrscheinlich Leonardo da Vinci (1452–1519). Als Künstler und genialer Wissenschaftler beschäftigte er sich mit Themen aus den Bereichen Biologie, Anatomie, Technik sowie Architektur. Außerdem konstruierte er Waffen. Leonardo war zeitlebens von den Naturkräften fasziniert und versuchte, sie zum Nutzen der Menschheit einzusetzen. So entwickelte er u. a. über mehrere Jahrzehnte Skizzen von Fluggeräten nach dem Vorbild der Vögel. Seine Schlagflügel-Fluggeräte waren allesamt aufgrund biophysikalischer Randbedingungen nicht flugfähig, da die Masse eines Menschen in Bezug auf seine Muskelleistung viel zu groß ist. Trotzdem

Luftrotor von Leonardo da Vinci

> **! Wiesenbocksbart – Vorbild für den Fallschirm**
>
> Der Wiesenbocksbart gehört wie der Löwenzahn (Pusteblume) zu den Korbblütlern, deren Samen vom Wind verbreitet werden. Die Samen schweben stabil, da ihr Schwerpunkt weit unten liegt und die tragenden Flächen nicht eben, sondern nach außen hochgezogen sind.

Wiesenbocksbart

war Leonardo seiner Zeit weit voraus. Die meisten seiner Erfindungen setzte er nie um, da ihm die Materialien dazu fehlten. 1483 skizzierte er einen Luftrotor, eine Vorstufe des heutigen Helikopters. Er entwarf auch einen Fallschirm. Diese Skizzen entdeckte man jedoch erst gegen Ende des 19. Jh. Somit hatten sie keinen Einfluss auf die Entwicklung moderner Fallschirme.

Erste Fluggeräte: Fallschirm und Segelflugzeug

Die ersten Fallschirmspringer stammten aus dem alten China.

Wagemutige Zirkusartisten sprangen bereits zu Beginn des 14. Jh. unter Zuhilfenahme großer Schirme von hohen Türmen. Als Erfinder des Fallschirms gilt der Kroate Faust Vrančić (1551–1617). Er ersann, baute und erprobte den ersten funktionstüchtigen Fallschirm. Im Jahr 1597 soll er vor zahlreichen Zuschauern mit einem stoffbespannten Holzrahmen vom 86 Meter hohen Glockenturm in Bratislava (Pressburg) gesprungen sein.

Ein Pionier der Flugphysik (Aeronautik) war Sir George Cayley (1773–1857). Er gilt als einer der Erfinder der „Wissenschaft des Fluges". Seit 1804 baute er Gleiter, die große Ähnlichkeit mit heutigen Gleitfliegern aufwiesen. Der wahrscheinlich erste Gleitflug der Geschichte fand 1852 statt: Ein wagemutiger „Pilot" flog mit Cayleys Gleiter rund 130 Meter weit von einem Berg hinab.

Modell des Gleiters von Sir George Cayley

? Schon gewusst?

Zu Beginn des 20. Jh. erfand die deutsche Luftfahrtpionierin Käthe Paulus (1868–1935) den zusammenfaltbaren Fallschirm. Sie war eine der ersten Frauen, die mit einem Fallschirm gesprungen sind.

Fallschirmspringerin Käthe Paulus

Kriegsschiffe nach dem Vorbild von Fischen

Der englische Schiffsingenieur Sir Matthew Baker (1530–1613) konstruierte im 16. Jh. leichtere und damit besser manövrierbare Galeonen zum Kampf gegen die Spanier. Er entwickelte Schiffsrümpfe nach dem Vorbild von Dorschkopf und Makrelenschwanz (Baker-Galeone). Die neuartige Schiffsform reduzierte den Wasserwiderstand deutlich. Ausgestattet mit diesen Galeonen und neu entwickelten Geschützen, zwang Sir Francis Drake (1540–96) die spanische Armada 1588 zum Rückzug.

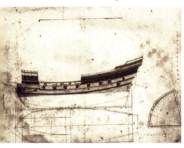

Skizze einer Baker-Galeone

Galileo Galilei – Pionier der Architektur-Bionik

Einer der ersten Architektur-Bioniker war sicherlich Galileo Galilei (1564–1642). Er beschäftigte sich in seinem 1637 erschienenen Buch *Discorsi e dimonstrazioni matematiche* mit dem mechanischen Aufbau von Pflanzen und verglich diesen mit technischen Konstruktionen. Einen Aspekt stellte dabei die erreichbare Maximalhöhe von Bäumen und Bauten unter Berücksichtigung des Eigengewichts dar. Galilei entwickelte

Galileo Galilei

eine mathematische Formel zur statischen Berechnung von Balken auf der Grundlage von Festigkeitskräften bei Pflanzenstängeln. Bei der Übertragung solcher Ergebnisse muss man allerdings Skalierungseffekte berücksichtigen, da viele Strukturen im Mikrometermaßstab anders wirken. Dies liegt daran, dass Längenmaße mit der Flächengröße in quadratischem Verhältnis stehen – volumen- und massenabhängige Werte ändern sich jedoch in der dritten Potenz zur Länge. So dürfte beispielsweise, bei detailgenauer Übertragung, ein 100 Meter hoher Turm mit den Größenverhältnissen eines Grashalms an der Basis nur ca. drei Meter breit sein.

Stacheldraht – eine Erfindung der Natur

1868 inspirierte der dornige, buschartig wachsende Baum Osagedorn, den die amerikanischen Farmer zum Einzäunen ihrer Viehherden pflanzten, den Farmer Henry Rose zur Erfindung des Sta-

Stacheldraht

cheldrahts. Rose stellte 1873 seinen hölzernen, mit Drahtspitzen besetzten Zaun auf der Landwirtschaftsmesse in Illinois aus. Joseph Glidden (1813–1906) experimentierte daraufhin zusammen mit seiner Frau mit verschiedenen Drahtsorten und drehte den ersten richtigen Stacheldraht mit einer Kaffeemühle. Auch der Eisenwarenhändler Isaac Leonard Ellwood (1833–1910) und der Holzhändler Jakob Haish (1826–1926) kamen zeitgleich auf die gleiche Idee. Das Patent ging jedoch am 24. November 1874 an Glidden und machte ihn zum Multimillionär. Somit gilt Glidden als Erfinder des Stacheldrahts.

D'Arcy Wentworth Thompson – erster Biomathematiker

Der britische Biologe und Mathematiker D'Arcy Wentworth Thompson (1860–1948) war wohl einer der bedeutendsten Grenzwissenschaftler des 20. Jh. in den Bereichen mathematischer, technischer und theoretischer Biologie. In seinem 1917 erschienenen Werk *On Growth and Form (Über Wachstum und Form)* beschrieb er an zahlreichen Beispielen die Ähnlichkeit von biologischen und mechanischen Strukturen. So zeigte Thompson u. a. den Zusammenhang von Form, Struktur und mechanischer Effektivität bei Knochen bzw. dem Skelett und Pflanzenachsen auf. Daneben setzte er die Formen verwandter Organismen mithilfe der mathematischen Transformation zueinander in Beziehung, um deren „Form-Verwandtschaft" nachzuweisen.

Raoul Heinrich Francé – Vater der Biotechnik

Raoul Heinrich Francé (1874–1943), eigentlich Rudolf Franze,

> **? Schon gewusst?**
>
> Die dornigen Milchorangenbäume (Maclura pomifera), auch Osagedorn genannt, wuchsen ursprünglich im Grenzgebiet zwischen Texas, Arkansas und Oklahoma. Dies war das Siedlungsgebiet der Osagen, einem Indianerstamm. Nach ihnen ist der Baum benannt. Die Indianer nutzten das Holz des Baumes zur Herstellung von Pfeilbögen. Noch heute verwendet man es für Pfosten und Zaunpfähle, da es enorm schädlingsresistent und witterungsbeständig ist.

war österreichisch-ungarischer Botaniker, Mikrobiologe und Naturphilosoph. Francé erkannte, dass viele Prinzipien menschlicher Erfindungen im Tier- und Pflanzenreich bereits existierten und dass sich technische Probleme durch die Erforschung biologischer Vorbilder lösen ließen. Er war der Auffassung, dass gleiche Notwendigkeiten gleiche Lösungen nach sich ziehen. In seinem 1920 erschienenen Buch *Die Pflanze als Erfinder* schrieb er: „Jeder Funktion entspricht eine bestimmte Gestaltung." Francé war von der Vollkommenheit der Natur überzeugt und er strebte danach, naturwissenschaftliche Erkenntnisse mit Fragen der Kultur und Philosophie zu verbinden. Er verstand, dass der Mensch den Gesetzen und Kreisläufen der Natur unterworfen ist. So wies er bereits 1924 in seinem Werk *Das Buch des Lebens* auf die Folgen der Industrialisierung hin und setzte sich für den Naturschutz ein: „Die Menschen können Flüsse durch Abwässer vergiften, die Luft durch Rauch und Abgase unatembar machen, aber sie können die Naturgesetze nicht zerstören, ohne selbst zerstört zu werden."

Der Bodenkundler Francé erkannte u. a. die Bedeutung der Mikroorganismen im Boden für die Humusbildung und Bodenfruchtbarkeit. Als er 1919 Kleinstlebewesen auf einem Acker gleichmäßig verteilen wollte, nahm er sich die Samenkapsel des Mohns zum Vorbild und erfand einen speziellen (Salz-) Streuer. Es war das erste deutsche Patent einer bionischen Erfindung und ein wichtiger Durchbruch in der Bionik-Geschichte. Denn für die Vergabe eines Patents ist die Neuheit der Erfindung ausschlaggebend. Da aber die Natur bereits diese Erfindung hervorgebracht hatte, hätte dies zu einer Ablehnung der Patentgenehmigung führen können. Francé erhielt jedoch das Patent, und seitdem gelten bionische Erfindungen als patentwürdig, was eine wesentliche Voraussetzung für das wirtschaftliche Interesse an der Bionik ist.

> **! Mohnkapseln als Vorbild für den Salzstreuer**
>
> Die Mohnkapsel besitzt rundum kleine Löcher. Der Wind wiegt die Kapsel hin und her und verteilt die Samen durch die Löcher gleichmäßig.
>
>
>
> *Mohnkapseln*

Francé erfand auch den Begriff „Biotechnik", welcher der heutigen Bionik entspricht. Leider fanden seine Ideen nicht die gewünschte Anerkennung. Dies geschah erst viele Jahre später, als die Bionik – unabhängig von Francés Vorarbeiten – in den USA Einzug hielt.

? Schon gewusst?

Der Ursprung des Worts „Patent" liegt in königlichen Erlässen und Verordnungen. Das erste Patentgesetz im heutigen Sinne entstand 1474 in Venedig. Im 16. Jh. erließen deutsche Fürsten Patente (damals Monopole genannt) in größerem Stil, die sich allerdings von Patenten im heutigen Sinne unterschieden. Heute ist ein Patent ein hoheitlich erteilter gewerblicher Schutzbrief auf eine Erfindung, welcher zeitlich begrenzt ist und dem Besitzer das alleinige Recht gibt, seine Erfindung zu nutzen. Ein Patent verhindert somit, dass ein anderer die Erfindung nachbaut und damit Geld verdient.

Das Militär und die Bionik

Obwohl der Begriff „Bionik" Assoziationen wie „natürlich" und „umweltverträglich" hervorruft, darf man nicht vergessen, dass in

der Bionik auch ein vergleichsweise großes Potenzial für kriegerische Auseinandersetzungen liegt. Denn wie bereits erwähnt, können Tiere und Pflanzen u. a. besser sehen, hören und fühlen als der Mensch. So setzte bereits die deutsche Wehrmacht im Zweiten Weltkrieg Infrarotdetektoren nach dem Vorbild von Klapperschlagen ein. Klapperschlangen nehmen mithilfe ihres Grubenorgans, einem Sinnesorgan zur Erfassung von Wärmestrahlung (Infrarot), Temperaturdifferenzen von bis zu 0,0003 Kelvin wahr, wodurch sie ihre Beute zielgenau lokalisieren können. Diese Schlangen „sehen" somit ein dreidimensionales Infrarotbild ihrer Umgebung. Der Mensch hingegen spürt über die Haut Temperaturunterschiede von nur etwa 0,1 Kelvin. Interessant für das Militär ist vor allem die schnelle und wendige Fortbewegung zu Lande, zu Wasser und in der Luft. So beobachtete man u. a., dass sich die Haut von Delfinen bei hohen Geschwindigkeiten verformt und dadurch die Wasserturbulenzen abdämpft. Dieses Prinzip übertrug man auf moderne Torpedos, die man mit einer elastischen Oberfläche ausstattete.

Der v-förmige Formationsflug der Luftwaffe ist den Zugvögeln abgeschaut. Er dient der Energieeinsparung. Sowohl bei Vögeln als auch bei Flugzeugen entstehen an

V-Formation bei Zugvögeln

den Flügelenden sogenannte Wirbelschleppen. Da diese Wirbel an beiden Flügeln einwärtsrollen, erzeugen sie an ihren Außenseiten einen Aufwind. Deshalb fliegen die nachfolgenden Vögel leicht

Wirbelschleppe, die mit Rauch sichtbar gemacht wurde

versetzt hinter dem rechten bzw. linken Flügel des anführenden Vogels. Kampfpiloten nutzen diese nicht ganz ungefährliche Formation, um Treibstoff zu sparen und somit eine höhere Reichweite zu erzielen.

Daneben ist die Robotik, z. B. zur Entwicklung von Mini-Spionage-Robotern, ein aktuelles Thema. Im Sommer 2007 gelang dem von der Militärforschungsbehörde DARPA finanzierten Harvard MicroRobotics-Team die Entwicklung einer Roboterfliege mit einer Flügelspannweite von nur drei Zentimetern und einem Gewicht von etwa 60 Milligramm. Bislang benötigt der Mini-Flieger noch eine Haltevorrichtung, doch die Wissenschaftler arbeiten an einem entsprechenden Flugcontroller. Solche Miniatur-Flugspione möchte das Militär u. a. zur Lokalisierung von Giftstoffen einsetzen. Ausgehend vom militärischen Interesse an der Bionik sind viele Anwendungen für Forschung, Technik und Medizin entstanden. So forscht man u. a. in der Medizintechnik an Implantaten, die Prothesen steuern, oder sucht nach Möglichkeiten, über bestimmte Stoffe Medikamente in den Körper zu transportieren. Der sicherlich strittige militärische Hintergedanke zu solchen Forschungen zielt auf die Manipulation biochemischer Prozesse, um z. B. Soldaten durch die Gabe bestimmter Präparate leistungsfähiger zu machen.

? Schon gewusst?

1960 prägte der amerikanische Luftwaffenmajor Jack E. Steele (geb. 1924) auf einem Kongress in Dayton, Ohio, den Begriff „bionics" nachhaltig. Bei diesem Treffen ging es hauptsächlich um neuronale Verarbeitung, Bio-Computer und Sensorik.

Was ist Bionik?

Max Planck

„Dem Anwenden muss das Erkennen vorausgehen." Dieses Zitat stammt von Max Planck (1858–1947). Seine Aussage lässt sich auf das wissenschaftliche Vorgehen in der Bionik sehr gut übertragen. Denn um bestehende technische Lösungen zu optimieren oder neue Anwendungstechniken zu finden, ist es notwendig, zunächst die (Natur-) Prinzipien zu studieren und zu verstehen. Werner Nachtigall (geb. 1934), einer der renommiertesten deutschen Bioniker, formuliert es so: „Die Natur liefert keine Blaupausen für die Technik. Die Meinung, man bräuchte die Natur bloß zu kopieren, führt in eine Sackgasse."

Die recht junge Querschnittswissenschaft Bionik lässt sich demnach vereinfacht umschreiben als „Lernen von der Natur für eine verbesserte Technik". Dies heißt aber auch, dass der Bionik das Erkennen vorausgeht. Diese notwendige Grundlagenforschung betreiben Biologen im Forschungszweig der Technischen Biologie. Früher sprach man von „Biotechnik" oder im weiteren Sinne von „Biotechnologie". Dieser Begriff steht heute jedoch eindeutig für mikro- und molekularbiologische sowie biochemische Inhalte, weshalb sich die Bezeichnung „Technische Biologie" durchsetzte. Sie ist ein Teilgebiet der Biologie und beschreibt die Naturgesetze mithilfe physikalischer Formeln. Man versucht also mittels Methoden der Physik und der Technik, Antworten auf biologische Fragestellungen zu erhalten. Die Technische Biologie hat zum Ziel, Erklärungsmodelle für natürliche Vorgänge und Prozesse zu erstellen.

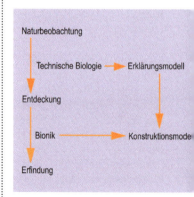

Schema über den Zusammenhang von Bionik und Technischer Biologie

! Definition der Bionik

Die Gesellschaft für Technische Biologie und Bionik (GTBB) definiert Bionik als eine wissenschaftliche Disziplin, die sich mit der technischen Umsetzung von Konstruktions-, Verfahrens- und Entwicklungsprinzipien biologischer Systeme befasst. Im internationalen Sprachgebrauch verwendet man oft den Begriff „biomimetics" (zu Deutsch: Biomimetik). Der Wortstamm „mimesis" leitet sich aus dem Griechischen ab und bedeutet „Nachahmung". Biomimetik entspricht im Wesentlichen dem deutschen Begriff „Bionik" (engl. bionics), welcher ein Silbensubstrat aus „Biologie" und „Technik" ist.

Bioniker hingegen suchen nach Errungenschaften der Natur, um diese auf technische Anwendungen zu übertragen – wohlgemerkt nicht zu kopieren. Genauer gesagt, handelt es sich um den Transfer biologischer Erkenntnisse auf technische Verfahren. Eine bionische Erfindung entsteht somit über mehrere Zwischenschritte. Am Anfang steht die Beobachtung der Natur. Die Entdeckungen biologischer Vorgänge versucht man mithilfe von Modellen zu verstehen. Aus der Erklärung eines natürlichen Prozesses lässt

sich ggf. ein Konstruktionsmodell für eine technische Erfindung ableiten. Steht am Ende eine Erfindung, für welche die Natur als Vorbild diente, so spricht man von Bionik.

Analogien

Ähnliche Probleme führen oft zu ähnlichen Lösungen. Ähnlichkeiten zwischen zwei Körpern, die nicht die gleiche Entstehungsgeschichte haben, nennt man Analogien. Genau genommen bezeichnet eine Analogie die Übereinstimmung zwischen zwei oder mehreren Objekten in einem oder mehreren Merkmalen. So entwickelte der Mensch z. B. oft Werkzeuge, die natürlichen Gebilden im Aussehen stark ähnelten – ohne von deren Existenz zu wissen. Die verwendeten Materialien, Strukturen und internen Funktionsweisen hingegen sind in Natur und Technik dabei meist grundlegend verschieden. Ein Beispiel für eine solche Analogie stellen eine Zange und der Oberkiefer eines Ameisenlöwen dar. Aussehen und Funktion (kneifen) der Zangenwerkzeuge sind gleich. Das Material, einmal Metall und einmal organisches Material, sind jedoch unterschiedlich. Gleiches Aussehen und gleiche Funktionsfähigkeit bei Verwendung unterschiedlicher Materialien trifft ebenfalls auf die Saugnäpfe einer

15

Bademratte und des Gelbrandkäfers zu. Auch ein Vielzwecktaschenmesser weist eine verblüffende optische Ähnlichkeit mit dem Multifunktionsbein des Stutzkäfers auf.

Ameisenlöwe

❓ Schon gewusst?

In der Biologie bezeichnet man eine Ähnlichkeit in Form und Funktion von Organen oder in Verhaltensweisen unterschiedlicher Tierarten als Analogie. Analoge Organe ähneln sich in der Funktion und sehen oft gleichartig aus. Tatsächlich sind sie jedoch stammesgeschichtlich unterschiedlich und unabhängig voneinander entstanden. Die analogen Organe sind das Resultat ähnlicher Umweltbedingungen und Lebensweisen. Häufig besetzen Lebewesen mit analogen Organen ähnliche ökologische Nischen.

Beispiele für Analogien in Natur und Technik

Viele ältere Brückenkonstruktionen aus Stahl weisen Analogien zum Knochenbau bei Vögeln auf. Ein Beispiel ist die Eisenbahnbrücke über den schottischen Firth of Forth. Als tragende Elemente dienen verstrebte Eisenträger. Diese Art der Verstrebung ähnelt bis ins Detail den Versteifungen im Innern vieler hohler Vogelknochen, insbesondere dem Becken einiger Laufvögel.

Eisenbahnbrücke über den Firth of Forth bei Edinburgh

Selbst für diverse Gelenktypen des menschlichen Körpers finden sich in der Technik analoge Lösungen. So z. B. das Scharniergelenk: Ebenso wie ein Tür-, Schrank- oder Dosenscharnier verbindet ein Scharniergelenk an einer Kante zwei Ebenen miteinander. Das menschliche Ellenbogengelenk und die Fingergelenke führen die gleiche Bewegung wie ein Scharniergelenk aus. Ein weiterer Gelenktyp ist das Sattelgelenk des Daumens. Es ist mit einem Kreuz- bzw. Kardangelenk in der Technik vergleichbar und besteht aus zwei rechtwinklig zusammenpassenden u-förmigen Teilen. Es gestattet Bewegungen in zwei Ebenen, nämlich auf und ab sowie nach rechts und links.

Ein anderes Beispiel: Das Rückstoßprinzip ist eine vielfältig genutzte Fortbewegungsform in Natur und Technik. So besitzt u. a. ein Tintenfisch eine große Körperhöhle, die Mantelhöhle, die er mit Wasser füllt und dann verschließt. Anschließend öffnet der Krake seinen Sipho. Durch diese kleine Öffnung, die wie eine Düse wirkt, presst er das Wasser nach außen und stößt sich so im Wasser ab. Hierdurch bewegt sich der Oktopus mit hoher Geschwindigkeit in die entgegengesetzte Richtung. Kalmare erreichen Geschwindigkeiten von bis zu elf Kilometer pro Stunde, also etwa drei Meter pro Sekunde.

Für Weltraumraketen nutzt man ebenfalls das Rückstoßprinzip, da diese Fortbewegungsart unabhängig vom umgebenden Medium ist. Denn im luftleeren All gibt es nichts, woran sich die Rakete abstoßen könnte. Deshalb muss sie sich selbst beschleunigen. Das Rückstoßprinzip basiert auf dem dritten newtonschen Gesetz von Isaac Newton (1643–1727). Es besagt, dass jede Kraft (F) eine gleich große Gegenkraft erzeugt, deren Richtung der ersten Kraft entgegengesetzt ist (F1 = –F2). Einfacher gesagt: Jeder Aktion folgt eine Reaktion (actio = reactio). Das Triebwerk einer Rakete stößt Masseteilchen mit großer Geschwindigkeit entgegen der Flugrichtung aus (Aktion). Hierdurch entsteht in Flugrichtung eine gleich große Kraft, welche die Rakete beschleunigt (Reaktion). Raumfahrzeuge sind deshalb von der Umgebung

! Impulse und Impulserhaltung

Jeder bewegte Körper trägt einen Impuls, den er bei Stößen oder durch andere Wechselwirkungen (d. h. Kräfte zwischen den Körpern) ganz oder teilweise auf andere Körper übertragen kann. Der Impuls (p) ist definiert als Masse (m) mal Geschwindigkeit (v):

$p = m \cdot v$

Beim Rückstoß wirken zwei entgegengesetzte Impulse, die nach dem Impulserhaltungssatz gleich sein müssen: $m_1 \cdot v_1 = m_2 \cdot v_2$

Für die Rakete bedeutet dies: Die geringe Masse des explodierenden Treibstoffgases bewegt sich mit hoher Geschwindigkeit in die entgegengesetzte Richtung der Rakete, welche über eine große Masse bei geringer Geschwindigkeit verfügt.

unabhängig, da sie die Masse (den Treibstoff), an der sie sich abstoßen, selbst mitführen.

 Schon gewusst?

Die ringförmigen Rippen eines Staubsaugerschlauches dienen dazu, den Schlauch offen zu halten, wenn man ihn stark abknickt. Ein Schlauch ohne Rippen knickt schon bei leichtem Verbiegen ab. Nach dem gleichen Prinzip stabilisiert die Natur z. B. die Wasserleitungsbahnen in Holz und die Tracheen von Insekten.

Ultraschall – Analogie oder Bionik?

Ultraschall wird je nach Material eines Hindernisses an diesem reflektiert (zurückgeworfen) oder von ihm absorbiert (aufgenommen). Einige Tiere, wie z. B. Fledermäuse, nutzen den Ultraschall zur Orientierung. Sie stoßen kurze Schreie im Ultraschallbereich aus. Das Echo ermöglicht ihnen ein rasches Vorbeifliegen an Hindernissen und das Auffinden von fliegenden Insekten. Durch die Echoortung erhalten sie ein dreidimensionales Bild ihrer Umgebung.

Obwohl das angewandte Verfahren bei Ultraschallgeräten und Fledermäusen dasselbe ist, entwickelte sich die technische Anwendung dieses Prinzips völlig unabhängig von der Entdeckung der Echoorientierung bei Tieren. Während man bereits im Ersten Weltkrieg (1914–18) Sonarsysteme einsetzte, löste Donald Griffin (1915–2003) das Rätsel der akustischen Orientierung bei Fledermäusen erst im Jahr 1944.

Analogien sind, wie die aufgeführten Beispiele zeigen, somit recht

! Entdeckung der Echoortung bei Fledermäusen

Der Italiener Lazzaro Spallanzani (1729–99) beobachtete, dass geblendete Fledermäuse im Flug Hindernissen auswichen. Eine Erklärung hierfür fand Spallanzani jedoch nicht. Nach vielen fehlgeschlagenen Experimenten und der Theorie, dass Fledermäuse ihre Umgebung „fühlten", entdeckte 1944 der Amerikaner Donald Griffin die tierische Echoortung. Bei Fledermäusen funktioniert diese Technik äußerst gut im Nahbereich bis ca. 20 Meter. Die Tiere erzeugen die Ultraschalltöne im Kehlkopf, geben sie über den Mund heraus und nehmen den zurückgeworfenen Schall mit den Ohren wieder auf. Fledermäuse stoßen pro Sekunde zwischen fünf und 20 Rufe aus. Ist ein Beutetier in der Nähe, so geben die kleinen Flugsaurier Salven von bis zu 100 Rufen pro Sekunde ab.

häufig. Man darf sie jedoch nicht mit Bionik verwechseln. Denn nicht alles, was natürlichen Vorbildern ähnelt, ist gleich Bionik. Man kann allerdings gezielt nach Analogien in der Natur suchen, um z. B. ein Werkzeug zu verbessern. Dabei erreicht der technische Mechanismus nur dann ein Optimum, wenn er die gleiche Funktion unter gleichen Randbedingungen wie sein natürliches Vorbild erfüllt. Dieser Fall ist jedoch recht selten. Viel häufiger lassen sich biologische Teilfunktionen erfolgreich auf die Technik übertragen. Dies gelingt aber nur, wenn man den zugrunde liegenden biologischen Vorgang vollständig aufklärt und versteht.

Evolutionsstrategie

Der Mensch ließ sich schon immer von der Natur inspirieren. Erfindungen sind somit ein Produkt aus Beobachtungen und Erfahrungen. Die ersten Menschen lebten noch in sehr starker Abhängigkeit von ihrer natürlichen Umwelt. Mit fortschreitender Entwicklung des Menschen verbesserten sich die Bearbeitungs- und Produktionsmethoden in zunehmend schnellerem Maße (kulturelle Evolution). Seit Beginn des technischen Zeitalters ist eine stetige Abkopplung der technischen Entwicklung von der Natur zu beob-

achten. Wo in der Natur abgerundete und gebogene Strukturen vorherrschen, verwendet der Mensch gerade Linien und rechte Winkel, woraus steife und starre Konstruktionen resultieren. Mit der Erfindung des Rads um etwa 4000 v. Chr. eroberte sich der Mensch ein völlig neues Arbeits- und später Fortbewegungsmittel. Das Rad ist eine der ältesten und wichtigsten Erfindungen der Menschheit. In der Natur gibt es kaum analoge Strukturen. Eines der wenigen Beispiele findet sich bei Radiolarien (auch Strahlentierchen), einer Bakterienart mit radialstrahligen Geißeln.

Einen weiteren wichtigen Meilenstein in der technologischen Entwicklung erreichte die Menschheit durch das Wissen um die Metallverarbeitung im Zeitalter der Vor- und Frühgeschichte (Stein-, Bronze- und Eisenzeit).

Natürliche und kulturelle Evolution im Vergleich

So wie sich der Mensch immer neue Bereiche erschließt, so unterliegt die gesamte Natur den Gesetzen der Evolution. Triebkräfte der Evolution sind Mutation, Rekombination und Selektion (natürliche Auslese). Ergebnis der Jahrmillionen andauernden Evolution sind den jeweiligen Umweltbedingungen optimal angepasste Organismen. Diese Angepasstheit

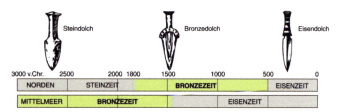

Entwicklung der Metallverarbeitung

spiegelt sich u. a. in ihrer Gestalt wider, welche die äußere Form und den inneren Aufbau (Material) eines Lebewesens umfasst. Die Natur optimiert im Laufe der Zeit stets ihre Strukturen, verbessert also parallel Formen und Materialien. Demgegenüber konzentriert sich der Mensch bei Optimierungsprozessen meist lediglich auf die Materialien. Biologische Strukturen sind zudem in der Regel nicht auf eine einzige Funktion, sondern gleich auf zwei oder mehrere Funktionen hin optimiert (Mehrfaktorenoptimierung). So muss ein Pflanzenstängel neben einer guten mechanischen Stabilität u. a. Transport- und Speicherfunktionen aufweisen. Technische Lösungen dienen häufig nur einem Zweck; sie sind auf eine ganz bestimmte Funktion hin optimiert. Lebewesen sind zudem in der Lage, Schäden bis zu einem gewissen Grad selbst zu reparieren. Hierzu gehört z. B. die Heilungsmöglichkeit von Knochenbrüchen. In der Technik lösen neuere Entwicklungen ältere einfach ab.

Die Natur erschafft bei minimalem Material- und Energieeinsatz optimierte Strukturen und recycelt diese an ihrem Lebensende vollständig. Von solch einem geschlossenen Stoffkreislauf sind selbst modernste technologische Entwicklungen noch weit entfernt.

> ! **Vergleich von natürlichen und technischen Strukturen**
>
> Was in der Natur ein Muskel leistet, dem entspricht in der Technik z. B. ein Motor. Die Aufgabe des Skeletts übernimmt dann das Getriebe und die Kopie eines Sinnesorgans ist ein Messfühler.

Optimierungsprozesse mithilfe der Evolutionsstrategie

Der deutsche Ingenieur Ingo Rechenberg (geb. 1934) entwickelte 1964 ein Optimierungsverfahren, das die biologische Evolution zum

❓ Schon gewusst?

Charles Darwin (1809–82) und Alfred Russel Wallace (1823–1913) entwickelten unabhängig voneinander eine Theorie zur natürlichen Selektion. Sie erklärt die langsame Aufspaltung der Organismen in die verschiedenen Arten als Folge von Anpassungen an den Lebensraum. Darwin hielt bereits 1837 die Theorie in seinen Notizbüchern fest, wagte diese aber nicht zu veröffentlichen. Wallace erkannte an, dass Darwin die Theorie vor ihm aufgestellt hatte, und so prägt der Name Darwin bis heute die Evolutionstheorie.

Charles Darwin

Vorbild hat. Die Idee der Evolutionsstrategie besteht darin, komplexe technische Konstruktionen durch zufällige Änderungen und Neukombination einzelner Bauteile zu verändern und auf ihre Effizienz hin zu testen. Die „künstliche" Evolution erstreckt sich somit über zwei Phasen:

1. Erzeugen zufälliger Varianten (Mutation und Rekombination)
2. Aussondern der vorteilhaften Varianten (Selektion)

Hans-Paul Schwefel (geb. 1940) gelang 1968 mithilfe der Evolutionsstrategie die Optimierung einer Zweiphasen-Überschalldüse, die man z. B. zur Stromerzeugung in Satelliten einsetzt. Durch zufällige Neukombinationen und anschließende Effizienztests entstand eine unkonventionell geformte Düse mit einem Wirkungsgrad von gut 80 Prozent. Eine theoretische Erklärung, warum gerade diese Form einen so hohen Wirkungsgrad besitzt, fanden Wissenschaftler erst einige Jahre später.

Zu den klassischen Versuchen der Evolutionsstrategie zählt u. a. die Ermittlung des optimalen Verlaufs eines Umlenkrohrs mit den geringsten Strömungsverlusten. Die Ausgangskonstruktion ist eine rechtwinklige Rohrumleitung. Mittels sechs variabler Halterungen verändert man in kleinen Schritten die Biegung des Kunststoffrohrs. Zum Vergleich benötigt man ein zweites unveränderliches Rohr mit 90-Grad-Biegung. Durch Auswertung der Strömungsverluste erhält man am Ende einen unerwarteten Krümmungsverlauf.

Strukturbionik: Oberflächen im Nanokosmos

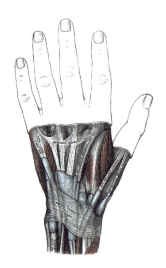

Die Welt, in der wir Menschen leben, besteht fast ausschließlich aus Grenzflächen. So schützt uns z. B. die Haut vor Umwelteinflüssen, dient der Kühlung und stellt eine erste Barriere gegen Krankheitskeime und Verletzungen dar. Jede einzelne (Haut-) Zelle verfügt über eine sie umgebende Zellwand, um ihr Innerstes gegen die Umwelt abzuschirmen. Jede dieser Grenzflächen besteht aus Atomen. Erst seit Beginn der 1980er-Jahre ist es möglich, Atome sichtbar zu machen.

Die Haut als Schutz

Gerd Binnig (geb. 1947) und Heinrich Rohrer (geb. 1933) erfanden 1981 das Rastertunnelmikroskop und erhielten dafür 1986 den Nobelpreis für Physik. Mit diesem Mikroskop kann man Oberflächen auf atomarer Ebene abtasten und sogar verändern. Die Idee, Materie auf atomarer Ebene zu manipulieren bzw. neu zu schaffen, hatte bereits 1959 Richard Feynman (1918–88). Er fragte in seinem Vortrag mit dem Titel *There's Plenty of Room at the Bottom (Ganz unten ist eine Menge Platz)*: „Warum können wir die 24-bändige *Encyclopedia Britannica* nicht auf den Kopf einer Stecknadel schreiben? Es gebe genug Platz." Der Physiker und Nobelpreisträger Feynman gilt als Vater der Nanotechnologie. Diese Wissenschaftsdisziplin beschäftigt sich mit Strukturen in der Größenordnung von etwa 1 bis 100 Nanometer Größe (1 Nanometer = 10^{-9} Meter). Das entspricht einem Fünfzigtausendstel des Durchmessers eines menschlichen Haars. In diesen Dimensionen sind kurioserweise gerade die Oberflächeneigenschaften eines Objekts ausschlaggebend – und nicht wie im Makrokosmos die Volumeneigenschaften. Popularität erhielt die Nanotechnologie durch Norio Taniguchi (1912–99) und insbesondere durch das 1986 von Kim Eric Drexler (geb. 1955) veröffentlichte Buch *Engines of Creation*.

Nanobiotechnologie

Die Nanobiotechnologie beschäftigt sich mit biologischen und technischen Systemen im Nanomaßstab. In ihr steckt ein Quäntchen Bionik, denn dieser interdisziplinäre Wissenschaftsbereich versucht, biologische Funktionseinheiten zu verstehen und Nanostrukturen für technische Anwendungen herzustellen. Ein Beispiel

 Schon gewusst?

Der Begriff „nano" stammt vom griechischen Wort „nanos" und bedeutet „Zwerg".

 Rastertunnelmikroskop (RTM)

Im Unterschied zur herkömmlichen Auflicht- oder Durchlichtmikroskopie, bei der man absorbierte oder reflektierte Strahlung des Probenmaterials analysiert, tastet man bei der Rastertunnelmikroskopie die Oberfläche eines Objekts mit einer Sonde zerstörungsfrei ab. Dieses Verfahren ist nicht mehr durch die Wellenlänge der verwendeten Strahlung begrenzt und erreicht dadurch extrem hohe Auflösungen.

Das Prinzip ist einfach: Man bewegt eine Metallspitze dicht über eine elektrisch leitfähige Probenoberfläche. Dazu bedampft man zuvor die Probe mit Gold. Obwohl sich beide Körper nicht berühren, können Elektronen zwischen Probe und Metalldetektor „überspringen" (quantenmechanischer Tunneleffekt). Legt man an beide Körper eine Spannung an, fließt ein Strom, den man misst. Die Messdaten bereitet man grafisch auf, sodass ein Oberflächenprofil entsteht. Die Auflösung dieses Verfahrens ist so groß, dass man einzelne Atome sichtbar machen kann. Mit dem Rastertunnelmikroskop ist man sogar in der Lage, gezielt einzelne Atome zu bewegen. Die Mikroskopspitze dient dann als eine Art Gravierstift.

Atommanipulation mit

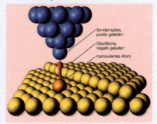

Rastertunnelmikroskop

23

für einen Nanowirkstoff ist der Zusatz in Zahncremes gegen überempfindliche Zähne. Der Zahnschmelz schützt normalerweise das Dentin (Zahnbein), welches über winzige Kanälchen mit dem Zahnnerv verbunden ist. Bei schmerzempfindlichen Zähnen liegt das Dentin an einigen Stellen des Zahns frei und leitet Reize wie Wärme, Kälte, Süßes oder Saures direkt an den Nerv weiter. Der Zahncremezusatz besteht, genau wie das biologische Original, aus Calciumphosphat und Eiweiß. Dieser biomimetische Wirkstoff reagiert mit Speichelbestandteilen und dem Dentin. Es bildet sich eine feine Schicht über dem Zahn, welche die kanalartigen Verbindungen zum Nerv verschließt und so die Schmerzempfindlichkeit reduziert.

Lotuseffekt

Die Lotuspflanze verfügt über eine erstaunliche Fähigkeit: Ihre Blätter sind fast immer sauber, und dies, obwohl sie in einer äußerst schmutzigen Umgebung gedeiht. Der Lotus wurzelt im schlammigen Untergrund und wächst aus dem Wasser von Sümpfen empor. Seine Blätter sind zwischen 40 und 60 Zentimeter groß, flach und trichterförmig. Sie ragen aus dem Wasser hervor und liegen nicht wie bei den Seerosen auf der Wasseroberfläche. Der Lo-

Lotus mit sauberen Blättern

tus ist auch nicht mit den Seerosen verwandt, sondern stellt eine eigene Wasserpflanzenart dar. Man unterscheidet bei den Lotusgewächsen zwischen dem weißlich rosa blühenden asiatischen bzw. indischen Lotus, der vorwiegend in Indien und Südostasien vorkommt, und dem gelben amerikanischen Lotus. Diese Art besiedelt die Atlantikküste der USA und findet sich in weiten Teilen Mexikos. Weitere Zuchtpflanzen erblühen in rot, blau oder pink.

Ursprünglich stammt die Lotuspflanze nicht aus den Tropen. Fossilfunde aus der Kreidezeit belegen, dass der Lotus vor etwa 30 Millionen Jahren in Nordamerika, Europa und Asien beheimatet war. Durch die heranrückende Eiszeit vor ca. zwei Millionen Jahren verschob sich das Siedlungsgebiet des Lotus nach Süden. Dies erklärt die Tatsache, dass der Lotus die kalten Winter der gemäßigten Breiten gut übersteht. Der Lotus ist eine Nutzpflanze; seine Bestandteile sind zu 100 Prozent essbar. Die chinesische und indische Küche verarbeitet Wurzeln, Blätter, Samen und Stängel. Früher fertigte man aus den Lotuswurzeln Seide, die man zu Stoff für Mönchsgewänder verarbeitete.

 Schon gewusst?

Die Blüten der Lotuspflanze heizen sich durch besondere Stoffwechselvorgänge auf und erreichen so Temperaturen, die um bis zu zehn Grad Celsius höher liegen als ihre Umgebung. Durch diesen Temperaturgradienten verbreiten sich ihre Duftstoffe besser und locken so Insekten an. Einige Käfer nutzen die wohlig warmen Blüten als Schlafplatz in der Nacht und verbreiten am nächsten Tag die Pollen der Pflanze. Nach der Befruchtung betreibt der Lotus zudem eine Art Brutpflege für seine Samen. Die aus der Blüte herausragenden Fruchtkapseln verfügen über Löcher. In jedem dieser Löcher befindet sich ein Samen. Bei Regen sammelt sich Wasser in den Samenbrutstätten und ermöglicht so ein Vorkeimen des Samens.

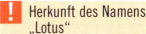 **Herkunft des Namens „Lotus"**

Das griechische Wort „Lotos" bedeutet so viel wie „geschätzte Pflanze". Der Einfluss des Lateinischen veränderte den Begriff später zu „Lotus".

Lotus – Sinnbild der Reinheit

Die Lotuspflanze gilt in östlichen Ländern als Symbol für Reinheit und Schönheit. So ist z. B. die hinduistische Schöpfungsgeschichte eng mit dem Lotus verknüpft: Der Gott Vishnu trieb im Schlangenfloß auf den Urfluten, als aus seinem Nabel die Lotuspflanze erwuchs, in deren Mittelpunkt Brahma, der Schöpfer der Welt, saß. Insbesondere im Buddhismus ist der Lotus religiös stark verankert. Seine besondere Eigenschaft, im Schlamm zu gedeihen und hierbei selbst tadellos sauber zu sein, ist eine Metapher für den im Chaos der Welt rein bleibenden Buddhisten. Der Lotus symbolisiert drei Lebenswelten: Die Wurzeln im Schlamm bzw. in der Erde stellen die materielle Welt dar. Der Stängel im Wasser repräsentiert die intellektuelle Welt und die Blüte in der Luft verkörpert die spirituelle Welt. Da Buddha der Herrscher über die spirituelle Welt ist, sitzt er in bildlichen Darstellungen meist auf einer Lotusblüte.

> **! Lotussitz**
>
> Der Lotussitz ist der Form einer Lotusblüte nachempfunden. Dabei ruht der rechte Fuß auf dem linken Oberschenkel nahe der Leistenbeuge und der linke Fuß entsprechend auf dem rechten Oberschenkel. Die Fußsohlen zeigen nach oben. Die Knie befinden sich im Kontakt mit dem Boden, wodurch sich ein sehr stabiles Dreieck als Sitzbasis ergibt. Fernöstliche Religionen nutzen diese Sitzhaltung zur Meditation. Zudem ist der Lotussitz eine klassische Sitzhaltung des Yoga.

Wasser perlt an Lotusblättern einfach ab

Selbstreinigung

Fällt Regen auf die Blätter der Lotusblume, perlt dieser ab, ohne das Blatt zu benetzen. Die herablaufenden Wassertropfen reinigen gleichzeitig die Blattoberfläche von Schmutzpartikeln, sodass die Pflanze nach dem Regen sauber und trocken ist. Selbst Farbstoffpulver und sogar einige Klebstoffe haften an den Blättern nur bedingt und lassen sich einfach wegspülen. Das hier zu beobachtende Phänomen nennt man Selbstreinigung. Neben der Lotuspflanze verfügen z. B. die Kapuzinerkresse, Kohl, Schilfrohr, Tulpen und Bananengewächse über diese Fähigkeit. Selbst einige Tiere sind zur Selbstreinigung in der Lage. So z. B. der tropische Morphofalter. Er besitzt blau schillernde, selbstreinigende Flügel.

Morphofalter

Die Lotuspflanze schützt sich mit diesem Mechanismus vor dem Befall von Pilzen. In den Sumpfgebieten, in denen der Lotus wächst, herrschen ausgezeichnete Bedingungen für das Wachstum von Pilzen und anderen Schädlingen. Pilze vermehren sich über feine Sporen, die auf einem geeigneten Nährboden – z. B. einer feuchten Blattoberfläche – auskeimen. Der Lotus greift hier vor: Noch bevor die Sporen keimen, spült sie der nächste Regen einfach weg.

Obwohl das Wissen über die Selbstreinigung in der Tier- und Pflanzenwelt bereits sehr lange bekannt war, gelang die vollständige wissenschaftliche Aufklärung dieser Naturerscheinung erst Mitte der 90er-Jahre des 20. Jh. Der deutsche Botaniker Wilhelm Barthlott (geb. 1946) suchte in den 1970er-Jahren nach einer neuen Methode, um den Verwandtschaftsgrad von Pflanzen zu bestimmen. Dazu ordnete er die

❗ Die Selbstreinigungskraft der Kapuzinerkresse

Bei den Versuchen zur Selbstreinigung von Kapuzinerkresse fanden Barthlott und seine Mitarbeiter heraus, dass sich neben Lehm auch wasserunlöslicher Industrieruß leicht von den Oberflächen abwaschen ließ. Sogar der pulverförmige Farbstoff Sudanrot, der mit Seife und Bürste von Oberflächen kaum zu entfernen ist, hinterlässt keine Spuren. Dieses Färbemittel setzt man u. a. in der Kriminalistik ein, um Geldscheine zu markieren. Bankräuber oder Erpresser kann man so leicht anhand der verfärbten Finger überführen.

❗ Rasterelektronenmikroskop (REM)

Mithilfe der Rasterelektronenmikroskopie kann man vakuumbeständige, elektrisch leitende Oberflächen mit großer Schärfentiefe und relativ hohem Auflösungsvermögen abbilden. Das Bild entsteht durch die Wechselwirkung zwischen dem Elektronenstrahl und den Elektronen der Objektoberfläche.

Pflanzen nach dem Aufbau ihrer Blattoberflächen. Die zu dieser Zeit aufkommende Rasterelektronenmikroskopie ermöglichte es, die Blattoberflächen samt aufliegenden mikroskopischen Schmutzpartikeln in einer hohen Auflösung abzubilden. So bemerkte Barthlott, dass einige Blätter auffällig wenige Verunreinigungen aufwiesen. Einige Jahre später untersuchte er dieses Phänomen

❗ Lotuseffekt

Die geringe Benetzbarkeit einer biologischen Oberfläche, wie z. B. Blüten oder Blätter, nennt man Lotuseffekt. Wasser und viele andere Flüssigkeiten bilden auf der Oberfläche Tropfen, die nicht haften bleiben, sondern herabrollen und dabei aufliegende Schmutzpartikel aufnehmen und abtransportieren.

genauer und fand Mitte der 1990er-Jahre die physikalisch-chemischen Grundlagen zur Erklärung des Lotuseffekts. Den Namen „Lotus-Effect" meldete Barthlott 1997 als Marke an.

Oberflächenparadoxon: rau statt glatt

Die Selbstreinigungskraft biologischer Oberflächen resultiert aus zwei wichtigen Eigenschaften:
1. Die Oberflächen verfügen über eine Wasser abweisende Schicht.
2. Die Struktur dieser Oberfläche ist uneben und nicht, wie man früher annahm, glatt.
Genau dieses Oberflächenparadoxon ist die Lösung des Selbstreinigungsrätsels. Als Wasser abweisende Schicht verwendet der Lotus Wachs. Die äußerste Schicht besteht aus kleinen röhrchenförmigen Wachskristallen. Die Wachsschicht selbst ist meist schon mit bloßem Auge zu erkennen. Bei Pflaumen, Trauben oder Kohl kann man ebenfalls diese weißlichen Überzüge beobachten. Der strukturelle Aufbau der Wachsschicht zeigt sich jedoch erst unter dem Rasterelektronenmikroskop. Die Wachskristalle erreichen Größen von etwa 200 Nanometern bis zu zwei Millimetern. Solche komplexen dreidimensionalen Nanostrukturen findet man in der Natur z. B. in Form von Fäden, Stäbchen, Röhrchen, Schuppen etc.

Pflaumen

Der physikalische Effekt der Selbstreinigung liegt in der Oberflächenspannung des Wassers begründet. Die Oberflächenspannung des Wassers ist eine vergleichsweise schwache Kraft, spielt jedoch im Alltag eine große Rolle. Allgemein ausgedrückt ist die Oberflächenspannung eine Eigenschaft der Grenzfläche zwischen einer Flüssigkeit und einem Gas. Wasser bildet an der Grenzfläche zur umgebenden Luft eine Art Haut. Diese entsteht dadurch, dass sich die Wassermoleküle gegenseitig anziehen. Wasser ist ein Dipol, besitzt also einen positiven und einen negativen Molekülteil. Bildlich gesprochen kann man sich die Moleküle mit kleinen Ärmchen vorstellen, an denen sie sich gegenseitig festhalten und so einen festen Verbund bilden. Innerhalb der Flüssigkeit wirken die Anziehungskräfte in alle Richtungen gleich und heben sich dadurch auf. An der Grenzfläche zum umgebenden Medium (Luft) fehlt jedoch diese Anziehungskraft, da statt der geladenen Flüssigkeitsmoleküle lediglich ungeladene Gasmoleküle vorhanden sind. Die Kräfte an der Oberfläche der Flüssigkeit wirken somit stärker nach innen, wodurch sich der Wassertropfen von allen Seiten her gleichmäßig zusammenzieht. Das Resultat ist die energetisch günstigste Form: eine Kugel. Diese verfügt über die kleinste Oberfläche bei gleichzeitig größtem Volumen. Fällt nun ein kugelförmiger Wassertropfen auf eine unebene (Blatt-) Oberfläche, so kommt der Tropfen lediglich mit den Spitzen der nach oben ragenden Wachskristalle in Berührung und nicht mit seiner gesamten Kugelunterseite. Die Kontaktfläche zwischen Wassertropfen und Wachskristallen beträgt nur etwa 0,7 Prozent.

Physikalisch besteht folgender Zusammenhang: Je näher sich zwei

? Schon gewusst?

Die fleischfressenden Kannenpflanzen locken Insekten mit ihrem Nektar an. Landet ein Insekt auf den kannenförmigen Blättern, so rutscht es auf der wachsartigen Oberfläche in das Blattinnere. Dort verdaut die Pflanze ihre Beute mithilfe einer sauren Verdauungsflüssigkeit.

! Oberflächenspannung des Wassers

Viele alltägliche Phänomene sind auf die Oberflächenspannung des Wassers zurückzuführen. Einer der bekanntesten Versuche zur Oberflächenspannung des Wasser ist folgender: Füllt man ein Glas randvoll mit Wasser und gibt nun vorsichtig Münzen hinein, so läuft das Wasser nicht über. Stattdessen bildet sich ein kleiner Berg Wasser über der Glasöffnung.

In der Natur ermöglicht die Oberflächenspannung des Wassers manchen Insekten, wie z. B. dem Wasserläufer, auf der Wasseroberfläche zu laufen, ohne unterzugehen.

Wasserläufer dank Oberflächenspannung

Oberflächen sind und je größer die Fläche ist, mit der sie sich berühren, umso fester haften sie aneinander. Durch die äußerst geringe Kontaktfläche besitzt der Was-

29

sertropfen somit eine sehr geringe Haftung; er rutscht ab. Die auf dem Blatt befindlichen Schmutzteilchen liegen ebenfalls nur lose auf und verfügen entsprechend über eine sehr geringe Kontaktfläche und damit über wenig Haftung. Kommen sie mit einem Wassertropfen in Berührung, so haben sie mit diesem eine große Kontaktfläche und eine entsprechend große Haftung gemein. Folglich verbindet sich der Wassertropfen mit dem Schutzpartikel und transportiert ihn ab.

Benetzbarkeit von Oberflächen

Die Benetzbarkeit beschreibt das Verhalten einer Flüssigkeit auf der Oberfläche eines Festkörpers. Einer der entscheidenden Faktoren ist dabei die Grenzflächenspannung. Tropft man z. B. Wasser mit einer Pipette auf eine feste Oberfläche, so stellt sich ein bestimmter Winkel zwischen der Oberfläche und der Flüssigkeit ein. Diesen Winkel nennt man Kontaktwinkel. Beträgt der Kontaktwinkel 0 Grad, so liegt eine vollständige Benetzung der Oberfläche vor; beträgt der Winkel 180 Grad, so berührt der aufliegende Wassertropfen die Oberfläche in nur einem Punkt. Man spricht dann von vollständiger Unbenetzbarkeit. Beide Extreme kommen in der Natur nicht vor. Auf dem äußerst glatten Material Teflon z. B.

bilden Wassertropfen einen Kontaktwinkel von etwa 120 Grad. Auf Blättern der Lotuspflanze kann der Kontaktwinkel bis zu 170 Grad erreichen. Der Kontaktwinkel ist ein Maß für die Hydrophobie eines Materials. Bilden Wassertropfen flache Kontaktwinkel von weniger als 90 Grad, so bezeichnet man das Material als hydrophil. So weist z. B. Papier diese Eigenschaft auf, da sich ein Wassertropfen auf Papier vollständig ausbreitet. Liegt hingegen ein Kontaktwinkel von mehr als 90 Grad vor, so ist der Charakter des Stoffs hydrophob.

Ein zweiter wichtiger Aspekt für den Grad der Benetzbarkeit einer Oberfläche ist ihre Rauigkeit. Raut man eine gut benetzbare Oberfläche an, so führt dies zu einer noch besseren Benetzbarkeit: Je rauer z. B. eine Papieroberfläche ist, desto größer ist der Durchmesser des sich ausbreitenden Wassertropfens. Die Aufrauung einer schlecht benetzbaren Oberfläche hingegen vermindert die Benetzbarkeit zusätzlich. Der Prozess der Aufrauung verleiht hydrophoben Materialien also ein besonders starkes Wasser abweisendes Verhalten.

Im Fall der durch die Wachsbeschichtung bereits hydrophoben Blätter der Lotuspflanze bewirkt die Aufrauung der Oberfläche mittels der Wachskristalle eine extrem starke Wasserabweisung.

? Schon gewusst?

Der Begriff „hydrophob" kommt aus dem Griechischen. Der erste Wortteil „hydro" bedeutet „Wasser" und der zweite Teil „phóbos" steht für „Furcht". Zusammengenommen meint „hydrophob": wassermeidend, wasserabstoßend oder wasserfeindlich. Solche Stoffe lösen sich meist gut in Fetten und Ölen; man nennt sie lipophil.
Das Gegenteil von hydrophob ist hydrophil. Die griechische Wortsilbe „phílos" steht für „liebend", womit sich die Bedeutung von „hydrophil" als wasserliebend, wasseranziehend oder wasserfreundlich ergibt. Diese Stoffe lösen sich gut in Wasser und schlecht in Fetten bzw. Ölen; sie werden lipophob genannt.

Anwendungen des Lotuseffekts

Der Lotuseffekt ist sicherlich eines der bekanntesten Beispiele für eine nutzbringende bionische Forschung. Es ist gelungen, den Selbstreinigungseffekt auf technische Produkte zu übertragen und diese kommerziell zu vermarkten. Selbstreinigende Dachziegel und Fassadenfarben stellen die erfolgreichsten Produkte dar. Die Fassadenfarbe Lotusan® eignet sich für Putz und alte Anstriche. Sie sorgt dafür, dass die Wände sauber und

trocken bleiben, da der Schmutz mit dem Regen abperlt und das Regenwasser schneller abläuft. Bei diesem Produkt handelt es sich tatsächlich um „echte" Bionik, denn man bildete die Fähigkeit zur Selbstreinigung nicht einfach künstlich nach, sondern man übertrug das Prinzip. Die Farbe enthält Silikonharze, die nach dem Trocknen eine ähnlich raue Oberfläche wie die Blätter der Lotuspflanze ausbilden. Damit besitzt Lotusan® eine Wasser abstoßende und unebene Oberflächenstruktur. Lotuspflanze und Fassadenfarbe verfügen somit beide über die selbstreinigende Eigenschaft, doch das verwendete Material unterscheidet sich: Die Lotuspflanze nutzt Wachse, wohingegen die Wandfarbe aus Silikonharzen besteht. Bis hierher könnte es sich auch um eine reine Analogie handeln. Die Idee und die Entwicklung für die Wasser abweisende Farbe entstanden jedoch aus der Entdeckung eines Naturphänomens, welches man untersuchte und aufklärte. Das neu entdeckte Prinzip „wasserabweisend und rau" übertrug man auf das technische Produkt, die Fassadenfarbe Lotusan®. Die Übertragung des natürlichen Prinzips gelang, da es sich bei der Selbstreinigung um einen rein physikalisch-chemischen Prozess handelt. Der strukturelle (atomare) Aufbau des hydrophoben Materials liegt in der chemischen Zusammensetzung begründet, während der geringen Benetzbarkeit ein physikalisches Gesetz zugrunde liegt. Damit ist der gesamte Vorgang nicht an das lebendige biologische System gekoppelt und ermöglicht so den Transfer auf ein rein technisches System.

Der Versuch, einen Autolack mit Lotuseffekt herzustellen, misslang. Dieser Lack konnte sich aufgrund seiner optischen Eigenschaften am Markt nicht durchsetzen, da er wegen der erhöhten Rauheit zu matt wirkte. Erfolgreicher sind dagegen Kfz-Frontscheiben mit Lotuseffekt. Die Wasser und Schmutz abweisende Scheibe verbessert den Durchblick und trägt so zu mehr Sicherheit im Straßenverkehr bei.

Ein weiteres Erfolg versprechendes Einsatzgebiet sind Beschichtungen zur Oberflächenversiegelung. Die behandelten Oberflächen sind zwar wasserabweisend, jedoch nicht selbstreinigend, sondern besonders leicht zu reinigen. Solche Beschichtungen bezeichnet man als superhydrophob. Meist handelt es sich um Sprays, die man auf mikrostrukturierten Oberflächen (z. B. Glas, Keramik, Kunststoff) aufbringt. Nach dem Aufsprühen bilden sich Nanostrukturen, die dem Lotuseffekt vergleichbar sind. Ganz neu auf dem Markt ist z. B. das Nanoversiegelungsset für den iPod. Es bildet einen Schutzfilm auf dem Hightechgerät, der das Anhaften von Fingerschmutz, Abdrücken und Staub auf dem Display und den Bedienelementen vermindert. Zudem existieren inzwischen Beschichtungen, die neben hydrophoben auch oleophobe (ölabweisende) Eigenschaften aufweisen. Da sie wasser- und ölabweisend

❓ Schon gewusst?

Als Silikone bezeichnet man eine Gruppe synthetischer Polymere (griechisch: poly = viel, meros = Teil). Polymere sind Makromoleküle aus gleichen oder gleichartigen Einheiten, sogenannten Monomeren. Silikone sind wärmebeständig, hydrophob, dielektrisch und gelten in der Regel als physiologisch verträglich (also nicht gesundheitsschädlich), weshalb man sie zur kosmetischen Hautpflege und in der plastischen Chirurgie (z. B. als Silikonimplantate) einsetzt. Die zumeist in der Technik als Füllstoffe verwendeten Silikonharze sind vernetzte Polymethyl- oder Polymethyl-Phenyl-Siloxane. Sie dienen z. B. als Bindemittel für Lacke. Bei Fassadenbeschichtungen erreicht man durch den Einsatz von Silikonharzen eine geringe Wasseraufnahme bei gleichzeitig hoher Wasserdampfdurchlässigkeit.

sein, bezeichnet man sie auch als ultraphob. Solche Imprägnierungen finden z. B. in der Textil- und Lederpflege Verwendung. Da selbstreinigende Stoffe bislang überwiegend aus Polyester mit wenig Tragekomfort bestehen, beschränkt sich ihr Einsatz auf Outdoor-Anwendungen. Dazu zählen u. a. Markisen, Sonnenschirme und Schutzbekleidung. Schmutz abweisende Kleidung findet sich bei Oberbekleidung wie z. B. Regenjacken und -hosen. Da man Bekleidungsstücke oft wäscht, kommt es hier zu starkem mechanischem Abrieb und zum Kontakt mit Tensiden. Beides zerstört die Nanostrukturen, wodurch der Lotuseffekt verschwindet. Bei einigen Kleidungsstücken, wie z. B. Babywäsche, Handtüchern, Bettwäsche oder Dessous ist ein Lotuseffekt sogar unerwünscht. Hier sind genau die gegensätzlichen Eigenschaften, weich und saugfähig, gefragt.

Vorteile Schmutz abweisender Oberflächen

– Die Einsparung von Reinigungsmitteln und Wasser ist ein Beitrag zum aktiven Umweltschutz.
– Die Oberflächen sind vor Algen- und Schimmelbefall geschützt.
– Dem Regen ausgesetzte Flächen, wie z. B. Hausfassaden, Dächer, Holzzäune oder Straßenschilder bleiben trockener und damit langlebiger.
– Langlebigere Produkte erzeugen weniger Abfall, was Kosten senkt und die Umwelt schont.

Schon gewusst?

Tenside setzen die Oberflächenspannung von Flüssigkeiten herab und bewirken die Vermengung zweier eigentlich unmischbarer Flüssigkeiten, wie z. B. Wasser mit Öl. Die Reinigungswirkung der Tenside lässt sich auf ihren amphiphilen Molekülaufbau zurückführen. Sie besitzen einen hydrophoben Kohlenwasserstoffrest und einen hydrophilen Molekülteil. Die Tensidmoleküle lagern sich mit ihrem hydrophoben Ende an ein Fettteilchen an; sie umhüllen es vollständig und lösen es so aus der zu reinigenden Fläche. Die unzähligen ummantelten Schmutzpartikel spült man am Ende des Waschvorgangs mit frischem Wasser fort.

Kleben und haften

In Natur und Alltag ist häufig genau das Gegenteil von sich abstoßenden Oberflächen gefragt – nämlich optimales Anheften und

Festhalten. So nutzen einige Lebewesen Klebstoffe z. B. zum Beutefang, Nestbau oder bei der Fortpflanzung. Das klebrige Netz der Spinne ist wohl eine der bekanntesten Klebefangmethoden. Die Spinnen bestreichen einige Fäden ihres Netzes mit Leim. Um nicht in ihre eigene Falle zu tappen, sparen sie die Lauffäden aus und überziehen ihre Beine zusätzlich mit Speichel. Schwalben befestigen ihre Nester an Wänden und Dachüberhängen mithilfe eines Mörtels, den sie aus Lehm und Speichel mischen. Die Feldwespe klebt ihre Nester mit Klebstoff zusammen, den sie aus Zellulose gewinnt. Sie zerkaut die Zellulosefasern, vermischt sie mit ihrem Verdauungssekret und erhält so einen kleisterähnlichen Brei. Selbst Pflanzen nutzen Klebstoffe. So verfügt der Sonnentau, eine fleischfressende Pflanze, über kleine Leimruten, deren Enden mit je einem Tropfen Haftkleber ausgestattet sind. Die Tröpfchen glitzern in der Sonne und locken so Insekten an.

Die Natur greift in vielen Fällen auf Klebstoffe zurück, während der Mensch u. a. Nägel, Haken oder Schrauben einsetzt. Doch Klebstoffe sind aus unserem Alltag nicht wegzudenken. Geklebt wird heute fast überall: Autos und Flugzeuge, Schuhsohlen, Regale, Milch- und Safttüten, Zahnfüllungen und Knochenbrüche etc.

Geschichte der Leime

Bereits die Steinzeitmenschen mischten Bienenwachs mit Birkenharz und klebten damit ihre Pfeile an die Speerspitzen, indem sie heiße Steinkeile wie Lötkolben verwendeten. Die Sumerer gelten als Wegbereiter der Leimtechnik. Sie verwendeten natürlichen Asphalt (auch Erdpech oder Bergteer genannt) und einen Leim aus Tierhäuten zur Abdichtung ihrer Häuser. Haut, Knochen, Sehnen und Knorpel enthalten Kollagen, ein Strukturprotein. Strukturproteine sind Eiweißmoleküle, die als Gerüststoffe Zellen stabilisieren und dem Gewebe seine Festigkeit und Elastizität verleihen. Kollagenfasern sind wasserunlöslich, nicht dehnbar und besitzen eine enorme Zugfestigkeit. Der Name Kollagen leitet sich vom Griechischen Wort „colla" ab und bedeutet so viel wie „Leim produzierend". Aus dem alten Ägypten stammen Wandmalereien, welche die Her-

Sonnentau

stellung von Knochenleim zeigen. Die Produktion von Knochenleim übernahmen Leimsieder. Dazu kochten sie tierische Knochen, meist Rinderknochen, in Wasser aus. Hierdurch löste sich das enthaltene Kollagen und wandelte sich in Glutin um, eine wasserlösliche Gallerte. In reinster Form liegt das Glutin als Gelatine vor. Den so gewonnenen Rohleim dampften die Leimsieder ein und trockneten ihn anschließend. Im 19. Jh. vertrieb man Knochenleim (auch als Tischlerleim bekannt) in Form von getrockneten Leimtafeln.

Die Griechen erfanden um etwa 500 v. Chr. den Fischleim. Diesen gewannen sie aus der Schwimmblase des Hausen, einer Störart. Die Hausenblase besteht aus bis zu 70 Prozent Kollagen. Nach dem Fang der Fische legte man die Schwimmblasen frei und kochte sie in heißem Wasser. Der getrocknete Fischleim war zwar aufwendig in der Herstellung, doch äußerst effektiv beim Verkleben von z. B. Holz.

Mit der Erfindung des Buchdrucks durch Johannes Gutenberg (1400–68) benötigte man spezielle Buchleime. Die Buchdruckkunst löste die bis dahin gebräuchlichen Papyrusrollen, Stein-, Ton- und Wachstafeln ab. Für die Buchbindungen bevorzugte man Lederleim.

Auch die Furniertechnik des 16. und 17. Jh. verlangte nach geeigneten Leimen, weshalb 1690 die erste Leimfabrik in Holland entstand.

Blick in eine moderne Buchbinderei

! Proteine

Proteine bzw. Eiweiße sind Makromoleküle aus Kohlenstoff, Wasserstoff, Sauerstoff, Stickstoff und manchmal Schwefel. Es handelt sich um miteinander verknüpfte Aminosäuren. Makromoleküle mit mehr als 100 Aminosäureteilen bezeichnet man als Proteine, solche mit weniger als Peptide. Aufgrund ihrer Größe bilden sie komplizierte räumliche Strukturen, die man in Primär-, Sekundär-, Tertiär- und Quartär-strukturen einteilt. Eiweiße sind äußerst empfindlich gegenüber Hitze und Chemikalien. Ihre Zerstörung bzw. strukturelle Veränderung bezeichnet man als Denaturierung. Diese ist stets endgültig und kann nicht mehr rückgängig gemacht werden. Das bekannteste Beispiel ist das Hühnerei: Es wird beim Kochen fest, weil sich der räumliche Aufbau der Eiweißmoleküle durch die Temperatureinwirkung ändert.

? Schon gewusst?

Gummibärchen bestehen aus Gelatine, die man aus dem Bindegewebe von Rindern oder Schweinen gewinnt. Der Gummibär wurde 1921 von dem Bonner Unternehmer Hans Riegel erfunden. Seine Firma Haribo (Hans Riegel aus Bonn) brachte 1922 den vormals sogenannten Tanzbären, später dann Goldbären, auf den Markt.

Technik des Klebens

Sowohl in der Natur als auch in der Technik existieren viele verschiedene Klebstoffe. Trotzdem ist ihre Funktionsweise stets ähnlich, denn ein Klebstoff muss immer über zwei Eigenschaften verfügen:
1. Der Klebstoff muss sich gut auf den zu verklebenden Oberflächen verteilen und an ihnen haften. Da Oberflächen im Nanobereich jedoch meist uneben und nicht glatt sind, eignen sich flüssige oder pastenartige Stoffe, um die „Täler" aufzufüllen. Für die gute Haftung sind Anziehungskräfte auf atomarer Ebene verantwortlich. Man spricht hier von Adhäsion. Der Begriff leitet sich vom lateinischen Wort „adhaerere" für „anhaften" ab.
2. Der Klebstoff muss über eine hohe innere Festigkeit verfügen, um einen guten Zusammenhalt zu gewährleisten. Die meisten Klebstoffe entwickeln diese innere Festigkeit durch das Aushärten. Die Kräfte, die den Zusammenhalt zwischen den Atomen bzw. Molekülen eines Stoffs bewirken, beschreibt man mit dem Begriff der Kohäsion. Das Wort leitet sich vom lateinischen „cohaerere" ab und bedeutet „zusammenhän-

gen". Kennwerte wie E-Modul, Reißdehnung oder Temperaturfestigkeit charakterisieren die in einem Klebstoff wirkenden Kohäsionskräfte.

Aus dieser Betrachtung ergibt sich, dass erst das Aufeinandertreffen zweier Eigenschaften einen effektiven Klebstoff hervorbringt. Zunächst trägt man den Klebstoff in flüssiger Form auf, um eine gute Adhäsion zu erreichen. Danach erfolgt eine Verfestigung, um die notwendige Kohäsion zu gewährleisten. Man unterscheidet zwischen physikalisch und chemisch abbindenden Klebstoffen. Bei den rein physikalischen Vorgängen nutzt man den Übergang von der flüssigen in die feste Phase. Ein Beispiel hierfür sind Heißkleber. Die chemischen Klebstoffe zeichnen sich durch eine Veränderung ihrer chemischen Substanz aus; hier findet eine chemische Reaktion statt. Beispiele sind Ein-, Zwei- und Mehrkomponentenkleber. Sie reagieren z. B. mit der Luftfeuchtigkeit.

Die Natur setzt ebenfalls beide Techniken ein. Bienen produzieren flüssiges Wachs, welches sich gut zu Waben formen lässt, bevor es an der kühleren Umgebungsluft erstarrt. Dies ist ein rein physikalischer Vorgang auf der Grundlage des Wechsels vom flüssigen in den festen Zustand. Die Florfliege hingegen nutzt einen Reaktionskleber. Sie zieht aus einem Flüssigkeitstropfen einen Faden, auf dessen Spitze sie ihr Ei ablegt. Der natürliche Klebstoff reagiert mit der Luft und härtet aus. Die Miesmuschel setzt sogar einen Dreikomponentenkleber ein, um sich an Felsen und Schiffsrümpfen zu verankern. Dieser Unterwasserkleber ist so fest, dass die Muschel auch der stärksten Brandung widersteht und nicht fortgespült wird. Miesmuscheln besiedeln zusammen mit anderen Meeresbewohnern, wie z. B. Seepocken, gerne Schiffsrümpfe. Im Schiffbau bezeichnet man diese Anlagerung von Organismen und anderen Feststoffen als Fouling. Durch den Bewuchs nimmt das Schiff massiv an Gewicht zu und verliert zugleich die für die schnelle Fahrt notwendige hydrodynamische Form; außerdem kann es zu Beschädigungen am Schiffsrumpf kommen. Um dem Fouling entgegenzuwirken, verwendete man lange Zeit Antifoulingfarben. Diese enthielten jedoch Giftstoffe und sind seit 2003 weltweit verboten.

Bienenwaben

Man beobachtete, dass Haie im Gegensatz zu Walen keinen Parasitenbefall aufweisen, und untersuchte die Haihaut genauer: Sie ist rau. Somit setzt man heute silikonartige Schiffsfarbe ein, die beim Aushärten Nanostrukturen bildet. Der große Vorteil dieser Methode liegt darin, dass keine Giftstoffe mehr zum Einsatz kommen.

Naturkautschuk ist ein Bespiel für einen natürlichen Dispersionsklebstoff. Eine Dispersion ist ein Gemenge aus mindestens zwei Stoffen, die sich nicht oder kaum ineinander lösen oder chemisch miteinander verbinden. Technische Dispersionskleber verfestigen sich, indem sich die Flüssigkeit mit der Zeit verflüchtigt. Während des Trocknens verknäulen sich die

Moleküle zunehmend, und es bildet sich eine zähe Masse, die stetig an Härte gewinnt. Ein solcher Kaltkleber trocknet zwar extrem langsam, ist jedoch äußerst flexibel in der Verarbeitung. Bei der pflanzlichen Gummimilch (Kautschuk) schweben die Kautschukteilchen unlöslich im Saft des Kautschukbaums. Verdunstet das enthaltene Wasser, bildet sich ein klebriger Naturgummifilm.

❓ Schon gewusst?

Ein Klebstoff aus Quark und Kalk diente früher als Bindemittel beim Mauern. Der Quark enthält wasserlösliches Kasein. Es ist Hauptbestandteil von Milch und die Grundlage vieler Papier- und Holzleime. Fett hingegen vermindert die Klebekraft, da es wasserunlöslich ist. Daher ist Magerquark zu bevorzugen. Die Zugabe von Kalk fördert die Vernetzung der Eiweißmoleküle und erzeugt so einen guten Kleber.

❗ Kleben und Klebstoffe

Unter Kleben versteht man das meist unlösbare Verbinden von gleichen oder verschiedenen Materialien. Dazu verwendet man Klebstoffe. Ein Klebstoff ist ein nicht metallischer, plastischer, flüssiger oder fester Werkstoff, der feste Teile verbindet, ohne die zu verbindenden Materialien in ihren Eigenschaften zu verändern. Zu den Klebstoffen zählen u. a. Leim, Kleister, Lösemittel-, Dispersions-, Kontakt- und Reaktionsklebstoffe.

Haftkleben

Manche Situationen erfordern neben der guten Haftung ein reversibles Kleben, also ein Lösen der verklebten Verbindung. Aufkleber und Klebestreifen möchte man irgendwann wieder abziehen. Wie viele Erfindungen beruht die der Haftnotizen (meistens kleine gelbe Zettel) auf einem Zufall. Arthur Fry (geb. 1931) markierte Liedpassagen in seinen Chorbüchern mit Papierstreifen, die oft herausfielen. In seiner Firma hatte ein Kollege einen nicht besonders gut klebenden Klebstoff gefunden, den Fry weiterentwickelte. Der Clou der Haftzettel liegt in einer Klebstoffschicht, in die man größere Klebstoffbälle einbettet. Durch die nur punktuelle und nicht flächige Haftung der Klebstoffbälle, lässt sich die Haftnotiz leicht ablösen. Hier wirkt das gleiche Prinzip wie beim Lotuseffekt: Aus einer geringen Kontaktfläche resultiert eine geringe Haftung. Da die Klebstoffbälle bis zu einem gewissen Grad in der Klebstoffmasse beweglich sind, lassen sich die Notizzettel mehrfach verwenden.

Haftnotiz

Erfindung des Klettverschlusses

Der belgische Ingenieur George de Mestral (1907–90) unternahm mit seinem Hund oft lange Spaziergänge. Dabei verfingen sich immer wieder die Früchte der Kletten, einem Korbblütengewächs, im Fell des Hundes. Unter dem Mikroskop erkannte de Mestral winzige elastische Häkchen, die auch bei ruckartigem Entfernen aus dem Fell von umherstreifenden Tieren oder Kleidern nicht abbrachen. So gelangen die Früchte der Klette an weit entfernte Orte. De Mestral leitete aus seiner Beobachtung eine Möglichkeit zur reversiblen Verbindung zweier Materialien ab und entwickelte den textilen Klettverschluss, der damals noch Widerhaken und schlaufenförmige Ösen auf beiden Teilen des Verschlusses trug. Heute befinden sich die Haken auf einem Band und die Ösen auf dem anderen. De Mestral meldete seine Idee 1951 zum Patent an. Einen Nachteil haben die künstlichen Klettverschlüsse jedoch: Mit der Zeit reißen die winzigen Ösen ab oder die Haken verschleißen. Dadurch lässt sich der Klettverschluss zunehmend einfach lösen; er verliert an Haftkraft. Moderne Forschungen zur Entwicklung verschleißarmer Klettverschlüsse gründen sich auf Beobachtungen von Libellenköpfen. Der verhältnismäßig große Kopf der Libelle ist deutlich von ihren Brustsegmenten getrennt und dadurch extrem beweglich. Wissenschaftler der Max-Planck-Gesellschaft entdeckten, dass Libellen sich einer Art Klettverschluss bedienen, um ihren Kopf am Körper zu fixieren. Diese Verbindung besteht jedoch nicht aus Ösen und Haken, sondern aus kleinen Härchen. Die Arretierungshärchen schiebt die Libelle ineinander. Durch die verdickten Enden haften diese besonders gut. Dieser biologische Klettverschluss lässt sich ohne Abnutzung immer wieder verwenden.

Klette

Die Kunst, kopfüber an der Decke zu laufen

Früher vermutete man, dass Tiere, die Wände hochklettern und kopfüber an Decken spazieren können, an ihren Füßen eine Art Saugnäpfe besitzen. Die Untersuchung mit dem Rasterelektronenmikroskop zeigte jedoch, dass diese Tiere sehr viele feine Haare (Spatulae) an ihren Füßen haben. Die Forscher des Max-Planck-Instituts für Metallforschung in Stuttgart fanden ein einfaches Gesetz für die biologische Haftkraft: Je größer das Körpergewicht des Tieres, desto kleiner und zahlreicher sind die Haftkontakte, also die Hafthärchen. So messen die Haare an den Beinen eines Käfers ca. zehn Mikrometer im Durchmesser. Das entspricht in etwa einem Zehntel eines menschlichen Haars. Beim Gecko, der bis zu 40 Zentimeter groß werden kann, sind die Billionen Härchen um den Faktor 100 kleiner. Wollte demnach ein Mensch an der Decke laufen, dürften die einzelnen Hafthärchen an Händen und Füßen maximal zehn bis 20 Nanometer im Durchmesser betragen. Technisch erreicht man heute die Herstellung von Strukturen mit Durchmessern von „nur" etwa 200 Nanometern.

Die enorme Haftkraft beruht auf den Van-der-Waals-Kräften. Sie sind nach dem niederländischen Physiker Johannes Diederik van der Waals (1837–1923) benannt. Die Van-der-Waals-Wechselwirkungskräfte sind im Vergleich zur Atom- und Ionenbindung schwache Kräfte. Es handelt sich um zwischenmolekulare Kräfte, die zwischen Atomen und Molekülen auftreten. Die anziehende Wirkung resultiert aus kurzzeitigen Dipolen (unsymmetrische Ladungsverteilung am Teilchen). Die positive Hälfte zieht die negative Hälfte eines anderen Teilchens an. Aus der Summe dieser Anziehungskräfte ergibt sich die gewaltige Haftung, die es Lebewesen ermöglicht, ein Vielfaches ihres eigenen Gewichts zu halten.

Gecko von unten

Die Natur setzt noch eins drauf, denn neben der guten Haftkraft beinhaltet die biologische Haftungsmethode die leichte Ablösung vom Untergrund. Spinnen und Geckos können nicht nur an der Decke hängen, sondern sich auch rasend schnell auf ihr fortbewegen. Dazu dreht der Gecko seinen Fuß, sodass sich die einzelnen Härchen nach und nach von der Oberfläche ablösen. Die gleiche Technik verwendet man beim Ablösen eines Tesafilmstreifens oder Pflasters: Man löst das Klebeband zuerst an einer Ecke und reißt es dann schnell komplett ab.

Schon gewusst?

Fliegen nutzen zusätzlich zu den feinen Hafthaaren Krallen und Flüssigkeitstropfen, um sich an Wand und Decke zu halten.

Diese Forschungsergebnisse bergen ein vielversprechendes Potenzial an Anwendungsmöglichkeiten für die Befestigungs- und Verbindungstechnik, angefangen bei wiederverwendbarem selbsthaftendem Klebeband über Kletterroboter bis hin zu neuen Halte- und Transportvorrichtungen bei Herstellungsprozessen unter Vakuum, wie z. B. bei der Produktion von Mikrochips.

Schon gewusst?

Den bislang kräftigsten biologischen Klebstoff erzeugt eine im Wasser lebende Bakterienart. Das Bakterium Caulobacter crescentus produziert einen auf Zuckermolekülen basierenden Unterwasserklebstoff, der eine Haftkraft von etwa 70 Newton pro Quadratmillimeter aufweist. Im Handel erhältliche Kleber halten dagegen maximal 20 Newton pro Quadratmillimeter.

Bessere Haftung für Autoreifen

Autoreifen sollen während der Fahrt möglichst geringen Widerstand leisten, also über eine geringe Haftung verfügen. Dies spart Treibstoff. Beim Bremsen jedoch soll der Reifen möglichst viel Kraft auf den Boden übertragen – also über eine besonders gute Haftung verfügen. Um diesen Widerspruch zu lösen, nahm sich die Firma Continental die Katzenpfote zum Vorbild. Die Ballen der Katze sind beim normalen Laufen schmal. Beim Auffangen eines Sprungs verbreitern sich die Ballen jedoch, um mehr Kraft auf den Boden zu übertragen. Der bionische Sommerreifen des Reifenherstellers verbreitert sich durch seine Kontur beim Bremsen ebenfalls und bringt so mehr Gummi auf den Asphalt, wodurch sich der Bremsweg erheblich verringert. Durch das asymmetrische Profil erreicht der Katzenpfotenreifen zusätzlich eine hohe Kurvenstabilität und bietet guten Schutz vor Aquaplaning. Das bionische Profil der Winterreifen gleicht der Struktur von Bienenwaben, was den Reifen besonders griffig macht.

Optische Eigenschaften von Glas- und Kunststoffoberflächen

Ob ein Körper auftreffende Lichtstrahlen vollständig oder teilweise zurückwirft (reflektiert) oder aufnimmt (absorbiert), hängt u. a. vom Material und von seiner Farbe ab. Fensterglas oder dünne Plastikfolien sind durchscheinend, während eine Stahlplatte lichtundurchlässig ist. Helle, glatte Oberflächen reflektieren einen größeren Strahlenanteil als dunkle, raue Oberflächen. Letztere absorbieren einen größeren Anteil der Strahlung und heizen sich dadurch auf.

Für den reflektierten Teil des Lichts gilt das Reflexionsgesetz: Einfallswinkel ist gleich Ausfall- bzw. Reflexionswinkel. Dies ist an glatten Oberflächen wie z. B. Spiegeln der Fall. Von jedem Punkt des Körpers geht Licht aus, das der Spiegel reflektiert. Betrachtet man den kompletten Strahlenverlauf, so entsteht das virtuelle Spiegelbild hinter dem Spiegel; Körper und Spiegelbild sind beide aufrecht und gleich weit vom Spiegel entfernt sowie symmetrisch zueinander.

! Vom Kautschuk zum Gummi für Autoreifen

Naturkautschuk (Saft des Kautschukbaumes, auch Latex genannt) besteht aus langen Polyisoprenketten. Durch Zusatz von Schwefel unter Druck und Hitze vernetzen sich die Ketten, wodurch der elastische Werkstoff Gummi entsteht. Diesen Prozess, den Charles Goodyear (1800–60) im Jahr 1939 entdeckte, bezeichnet man als Vulkanisation. Rund 70 Prozent des gesamten Naturkautschuks verwendet man zur Herstellung von Autoreifen. Dazu mischt man den Naturkautschuk mit Ruß, um einen geringeren Abrieb, höhere Härte und größere Reißfestigkeit zu erzielen.

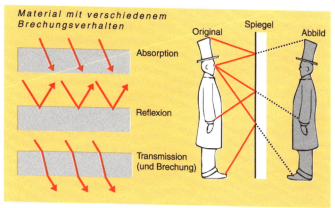

Reflexionen

Brechung und Totalreflexion

In verschiedenen Materialien pflanzt sich das Licht mit unterschiedlichen Geschwindigkeiten fort. Trifft Licht auf eine Grenzfläche zwischen zwei unterschiedlich lichtdurchlässigen Stoffen, so kommt es neben der Reflexion zur Brechung der Strahlen an der Grenzfläche. Dabei ändert sich die Ausbreitungsrichtung.

Hier gilt das snelliussche Brechungsgesetz:

$\sin \alpha / \sin \beta = c_1 / c_2 = n_2 / n_1$

Hierbei stellt α den Einfallswinkel, β den Brechungswinkel und c_1 bzw. c_2 die jeweiligen Lichtgeschwindigkeiten in den beiden Stoffen dar. Der Brechungsindex bzw. die Brechzahl n ist demnach vom Verhältnis der Lichtgeschwindigkeiten in den beiden Stoffen abhängig. Stoffe, in denen sich das Licht langsamer bewegt, nennt man optisch dicht. Solche Materialien verfügen über einen niedrigen Brechungsindex bzw. eine niedrige Brechzahl n. In optisch dünnen Materialien bewegt sich das Licht schnell; hier liegt entsprechend ein hoher Brechungsindex bzw. eine hohe Brechzahl n vor.

Geht Licht von einem optisch dünneren (z. B. Luft) in einen optisch dichteren Stoff (z. B. Glas) über ($c_1 > c_2$), so ist der Einfallswinkel α größer als der Brechungswinkel β und der Lichtstrahl wird zum Lot hin gebrochen. Für den umgekehrten Fall mit $c_1 < c_2$ (z. B. Lichtübergang von Glas zu Luft) folgt, dass der Einfallswinkel α kleiner ist als der Brechungswinkel β; der Lichtstrahl wird vom Lot weg gebrochen.

Kommt es an der Grenzfläche zweier Stoffe unter einem bestimmten Einfallswinkel zu einer vollständigen Reflexion der Strahlen, so spricht man von Totalreflexion. Dies ist der Fall, wenn ein Lichtstrahl aus einem optisch dichteren Medium in ein optisch dünneres Medium übergeht und der Winkel des einfallenden Lichts größer ist als der Grenzwinkel α_G der Totalreflexion:

$\alpha_G = c_1/c_2$ für den Fall $c_1 < c_2$.

! Lichtgeschwindigkeit

Die Ausbreitungsgeschwindigkeit des Lichts ist eine Naturkonstante und beträgt im Vakuum etwa 300.000 Kilometer pro Sekunde. In Wasser pflanzt sich das Licht mit etwa 225.000 Kilometer pro Sekunde fort.

! Brechzahlen für sichtbares Licht

Material	Brechzahl n
Vakuum	1
Luft	1,0003
Eis	1,31
Wasser	1,33
Glas	1,45 – 1,93
Diamant	2,24

Die Zusammensetzung beeinflusst in sehr starkem Maße den Brechungsindex eines Glases.

Antireflexionsbeschichtungen mit Mottenaugenstrukturen

Reflexionen sind häufig unerwünscht. Beim Lesen einer Hochglanzzeitschrift stören sie ebenso wie die Lichtspiele auf Fernsehbildschirmen. Deshalb versieht man Monitore mit Antireflexionsbeschichtungen. Eine solche Antireflexionsschicht besitzt eine hohe Durchlassrate für die interne Lichtquelle, damit das Bild so hell wie möglich erscheint, und vermindert gleichzeitig Reflexionen des Umgebungslichts. Bei Solarzellen erzielt man u. a. durch die Verringerung der Reflexion eine höhere Effizienz der Stromerzeugung. Technisch erreicht man dies durch Mottenaugenstrukturen. Einige nachtaktive Motten, die als Vorbild für diesen Effekt dienten, nutzen das nächtliche Restlicht (Sternenlicht und von den Wolken zurückgeworfenes Licht der Erde) zur Orientierung. Sie verfügen über Facettenaugen, die sich aus vielen kleinen sechseckigen Einzelaugen (Ommatidien) zusammensetzen. Jedes dieser Ommatidien ist mit unzähligen Stäbchen ausgestattet. Der Durchmesser und der Abstand der Stäbchen zueinander liegen unterhalb der Wellenlänge des sichtbaren Lichts (< 400 Nanometer), weshalb das Auge fast das gesamte einfallende Licht absorbiert. Durch die pyramidenartige Form der Stäbchen erfolgt der Übergang des Brechungsindex zwischen den Ommatidien (optisch dichteres Medium) zur umgebenden Luft (optisch dünneres Medium) allmählich. Dies führt zu einer starken Verringerung der Reflexionen und somit zu einem entspiegelnden Effekt. Die Nanostäbchenstrukturen lassen sich gut auf Glas- und Kunststoffoberflächen übertragen.

! Beschichtete Solarzellen

Die typische blaue Farbe der polykristallinen bzw. die schwarze Farbe der monokristallinen Solarzellen resultiert aus den jeweiligen Schichtdicken der Antireflexionsschichten. Andere Schichtdicken ergeben z. B. Lila, Grün, Grau etc., was für architektonische Anwendungen manchmal gewünscht ist und den Einsatzbereich der Solarzellen in diesem Feld erweitert. Solche beschichteten Solarzellen verfügen allerdings momentan noch über einen geringeren Wirkungsgrad.

Solarzellen

So stellt man u. a. künstliche Mottenaugenstrukturen mithilfe von Prägestempeln her. Anwendung finden Mottenaugenstrukturen z. B. bei Linsen von Tageslichtprojektoren und transparenten Abdeckungen. Für die Motten hat die annähernd vollständige Absorption noch einen zweiten Effekt: Da das Mottenauge kein einfallendes Licht reflektiert, können Fressfeinde die Motten in der Nacht nicht entdecken; die Entspiegelung der Augen dient somit gleichzeitig der Tarnung.

Farbstoff-Solarzellen mit Fotosyntheseprinzip

Grüne Pflanzen wandeln mithilfe des Blattfarbstoffs Chlorophyll die Energie des Sonnenlichts in Zuckermoleküle um. Diesen Prozess, bei dem unter Verwendung von Lichtenergie aus anorganischen, körperfremden Substanzen organische, körpereigene Stoffe entstehen, nennt man Fotosynthese. 1992 entwickelte der Schweizer Michael Grätzel (geb. 1944) nach diesem Prinzip Farbstoff-Solarzellen. Man bezeichnet sie auch nach ihrem Erfinder als Grätzel-Zellen oder nach ihrer Funktion als elektrochemische Farbstoff-Solarzellen. Denn statt Zucker produzieren diese Zellen Strom. Dazu verwendet man anstelle von Halbleitermaterialien bestimmte organische Farbstoffe, die das Sonnenlicht auf chemischem Wege direkt in elektrische Energie überführen. Statt des grünen Chlorophylls, das relativ schnell zerfällt, setzt man Metallkomplexe wie z. B. Ruthenium- und Osmiumverbindungen ein. Sie verleihen den Modulen eine rotbraune Farbe, die sich gut als Sonnenschutz eignet. Gegenüber herkömmlichen Silizium-Solarzellen haben Farbstoffzellen den Vorteil, dass sie günstiger in der Produktion sind und bei diffusem Lichteinfall effektiver arbeiten. Der derzeitige Wirkungsgrad von Farbstoff-Solarzellen liegt noch bei etwa acht Prozent. Herkömmliche Siliziumzellen erreichen einen Wirkungsgrad von etwa 14 Prozent.

Am Fraunhofer Institut in Freiburg arbeiten Forscher an der Entwicklung flexibel einsetzbarer Farbstoff-Solarzellen. In Zukunft möchte man „Mini-Kraftwerke" in Kleidungsstücke integrieren, um z. B. mobile Endgeräte wie Handy und Laptop mit Strom zu versorgen. Diese neuartigen Solarzellen sind sehr dünn und biegsam, gleichsam wie eine Folie. Ein weiteres Einsatzgebiet stellen

? Schon gewusst?

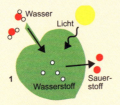

Fotosynthese
Prozess in zwei Schritten:
1) Mithilfe von Sonnenenergie wird Wasser in Wasserstoff und Sauerstoff gespalten.
2) Anschließend wird in der Dunkelreaktion mithilfe von Kohlendioxid und ATP Glukose gebildet.

Die Fotosynthese ist wohl der bedeutendste und einer der ältesten biochemischen Prozesse der Erde. Zur Fotosynthese sind fast alle Landpflanzen und Algen sowie einige Bakterien fähig. Die ältesten und wahrscheinlich die ersten Lebewesen der Erde, die Fotosynthese betrieben, sind die ca. 3,5 Milliarden Jahre alten Blaualgen (Cyanobakterien).
Reaktionsgleichung der Fotosynthese: $6\ CO_2 + 6\ H_2O +$ Lichtenergie $\rightarrow C_6H_{12}O_6 + 6\ O_2$
Aus Kohlenstoffdioxid und Wasser entstehen unter Verwendung von Lichtenergie Zucker (Glukose) und Sauerstoff.

Fotosynthese

Glasfassaden von Bürogebäuden dar, die man mit einer solchen farbigen Solarfolie ausstattet und dadurch gleichzeitig einen Sonnenschutz und elektrischen Strom erhält.

Röntgenteleskop nach dem Vorbild von Krebsaugen

Das Auge des Flusskrebses besteht aus vielen kegelförmigen Einzelaugen. Im Gegensatz zu den sechseckigen Ommatidien, die bei den Insekten als getrennte Linsensysteme fungieren, verfügt der Flusskrebs über quadratische Spiegellinsen. Durch das Linsensystem entsteht ein großes Sehfeld von fast 90 Grad mit großer Lichtstärke und hoher Bildschärfe. Die einfallenden Lichtstrahlen gelangen durch Spiegelung an den Randflächen der quadratkegelförmigen Ommatidien auf die darunterliegenden Sinneszellen. Doch nicht alle Randflächen der Ommatidien sind verspiegelt. Dies führt dazu, dass verschiedene Ommatidien parallel einfallende Lichtstrahlen auf dieselbe Sinneszelle lenken. Hierdurch erfolgt eine Bündelung der Lichtstrahlen und somit eine Verstärkung des Bildes. Diesem Prinzip folgend, entwickelte man ein neuartiges Weitwinkelröntgenteleskop, bei dem Millionen feine, halbkugelförmig angeordnete Bleiglasröhrchen die einfallende Röntgenstrahlung total reflektieren und fokussieren. Hierdurch ist es möglich, ein Viertel des Himmelsgewölbes zur gleichen Zeit zu beobachten.

! Röntgenteleskop

Bei einem Röntgenteleskop handelt es sich um ein Spiegelteleskop mit Röntgenoptik. Röntgenstrahlen lassen sich nicht mit gewöhnlichen Linsen oder Spiegeln bündeln. Dies liegt daran, dass die Brechzahl für Röntgenstrahlen beim Übergang vom Vakuum in Materie rund 1 beträgt. Deshalb nutzt man zur Strahlenbündelung das Prinzip der Totalreflexion an Grenzflächen. Da die Erdatmosphäre für Röntgenstrahlung undurchlässig ist, setzt man Röntgenteleskope zur Auffindung von Röntgenquellen vielfach im Weltraum ein.

Röntgenteleskop

Bewegungsbionik: fliegen, schwimmen und laufen

Fliegen, schwimmen und laufen stellen die drei wichtigsten Fortbewegungsarten dar. Die Natur hat diese Bewegungsformen perfektioniert und bietet somit eine Fülle von Anregungen zur Verbesserung von Bewegungsabläufen in der Technik. Dabei stehen u. a. Fragen der Strömungsanpassung, der Antriebsmechanismen und des optimalen Wirkungsgrads sowie der Materialfindung im Vordergrund der bionischen Forschung. Hierzu liefern Untersuchungen der Morphologie (Form, Gestalt) von Organismen wichtige Hinweise. So geben z. B. Flügel- oder Rumpfformen von Tieren grundlegende Anhaltspunkte zur Optimierung technischer Geräte.

Gepard

Kolibri

Zierfisch

Segeln und fliegen

Der Traum vom Fliegen ist so alt wie die Menschheit selbst. Fliegen verkörpert Freiheit. Doch diese Fortbewegungsart zählt nicht zum natürlichen Repertoire des Menschen. Der Mensch kann aus zwei Gründen nicht fliegen. Zum einen ist ein Mensch zu schwer. Alle Gegenstände, die leichter als Luft sind, wie z. B. heliumgefüllte Ballons, fliegen. Alles, was schwerer als Luft ist, unterliegt der Schwerkraft. Objekte, die schwerer als Luft sind und fliegen können, wie z. B. Vögel und Flugzeuge, müssen die Schwerkraft, die sie am Boden hält, überwinden. Dazu ist eine Kraft notwendig, die den Körper nach oben zieht. Diese Kraft nennt man Auftrieb. Der Auftrieb muss mindestens so groß sein wie das eigene Gewicht, damit das Objekt schwebt. Erst wenn der Auftrieb größer ist als das eigene Gewicht, ist ein Aufsteigen in der Luft möglich. Der Mensch kann also nicht fliegen, weil er zu schwer ist und weil er durch seine natürliche Fortbewegung keinen Auftrieb erzeugen kann. Giovanni Alfonso Borelli (1608–79) berechnete, dass menschliche Muskeln nicht genügend Kraft für ein vogelähnliches Fliegen aufbringen. Dieses Ergebnis ist für die menschliche Armmuskulatur zutreffend. Die Beine hingegen würden über die notwendige Kraft verfügen. So überquerte der Radrennfahrer Bryan Allen (geb. 1952) im Sommer 1979 den Ärmelkanal mit einem fliegenden Fahrrad, dem Grossamer Albatros.

Auftrieb

Als Auftrieb bezeichnet man die physikalische Kraft, die eine Flüssigkeit oder ein Gas auf einen Körper oder auf ein Gasvolumen ausübt. Man unterscheidet zwischen statischem und dynamischem Auftrieb. Der statische Auftrieb ist eine Kraft, die entgegen der Schwerkraft wirkt. Hier gilt das archimedische Prinzip: „Die auf einen Körper wirkende Auftriebskraft (FA) ist gleich der Gewichtskraft (FG) der von ihm verdrängten Flüssigkeits- bzw. Gasmenge: FA = FG." Der statische Auftrieb gilt u. a. für „unbewegte" Körper in Luft. Wenn z. B. ein Gas oder ein mit diesem Gas gefüllter Körper leichter als Luft ist, dann schwebt der Körper. Aus diesem Grunde schweben Heißluftballons und Zeppeline. Beim Heißluftballon ist die heiße Luft leichter als die umgebende kalte Luft, und beim Zeppelin verwendet man

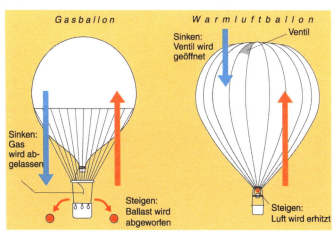

Auftrieb

Helium oder Wasserstoff; beide sind leichter als Luft. Das Prinzip gilt auch für Wasser. So schwimmt z. B. eine Plastiktüte auf der Wasseroberfläche.

Von einem dynamischen Auftrieb spricht man, wenn sich ein Körper relativ zum Gas bzw. zur Flüssigkeit bewegt. D. h. entweder bewegt sich das fliegende Objekt oder die das Objekt umströmende Luft. Aus diesem Grund sind Strömungsversuche im Windkanal möglich, wobei das Objekt, z. B. ein Tragflügel, unbeweglich ist. Die Antwort auf die Frage, warum ein Flugzeug mit starren Flügeln fliegt, ist nicht ganz einfach zu beantworten, da die Strömungsverhältnisse sehr komplex sind. Einfach gesagt, erhält man eine aufwärtsgerichtete Kraft (Auftrieb), wenn die Vorderkante einer Tragfläche nach oben gekippt ist. Dann strömt nämlich die Luft an der Oberseite der Fläche schneller als auf der Unterseite. Aus den unterschiedlichen Geschwindigkeiten resultiert ein Druckunterschied zwischen Ober- und Unterseite. Oberhalb des Tragflügels entsteht ein Unterdruck; unterhalb ein Überdruck. Diese Druckdifferenz hebt das Flugzeug letztlich an. Je schneller sich die Tragflächen durch den Luftstrom bewegen, desto mehr nehmen die Druckunterschiede zu. Sind die Druckunterschiede so groß, dass eine entsprechende Auftriebskraft

resultiert, hebt das Flugzeug ab. Den Zusammenhang zwischen Strömungsgeschwindigkeiten und Druck wies Daniel Bernoulli (1700–82) nach. Bernoulli beobachtete, dass Wasser an einer Engstelle in einem Rohr schneller floss und gleichzeitig einen niedrigeren Druck auf die Rohrwand ausübte.

Den Auftrieb kann man durch eine höhere Geschwindigkeit, größere Tragflächen oder durch einen steileren Anstellwinkel erhöhen. Mit einer Zunahme des Auftriebs steigt gleichzeitig der Luftwiderstand an. Der Luftwiderstand bremst das Flugzeug bei seiner Bewegung durch die Luft. Deshalb muss ein Tragflügel so konstruiert sein, dass er bei maximalem Auftrieb einen möglichst geringen Widerstand leistet. Bei sehr geringen Geschwindigkeiten oder hohen Anstellwinkeln der Tragflächen kann es zu einem Strömungsabriss kommen; das Flugzeug sackt dann nach unten ab. Deshalb weisen Tragflügel eine Wölbung auf. Bei gewölbten Tragflächen treten Strömungsabrisse wesentlich später auf als bei flachen Profilen. Droht hingegen bei einem Vogel ein solcher Strömungsabriss, richtet die umströmende Luft die Deckfedern automatisch auf, sodass die Luft auf einem veränderten Weg über den Flügel strömt und den Abriss der Strömung verhindert. Deshalb

> ! **Bernoulli-Effekt**
>
> Je größer die Strömungsgeschwindigkeit einer Flüssigkeit oder eines Gases ist, desto kleiner ist der statische Druck.

können Vögel auch bei sehr geringen Geschwindigkeiten äußerst kontrolliert gleiten. Derzeit forscht man an Sensoren und neuen Werkstoffen, die einen Flug-

> ! **Fliegen oder fahren?**
>
> Ob man den Begriff „fliegen" oder „fahren" für die Fortbewegung eines Flugobjekts verwendet, hängt von der Art des Auftriebs ab. Alles, was dem Prinzip „leichter als Luft" (statischer Auftrieb) gehorcht, bezeichnet man als „fahren"; entsprechend spricht man von „fliegen", wenn das Prinzip „schwerer als Luft" (dynamischer Auftrieb) vorliegt. Ballone sind leichter als Luft. Sie erzeugen einen statischen Auftrieb, weshalb man ihre Art der Fortbewegung als „fahren" bezeichnet. Flugzeuge, Hubschrauber und Vögel sind schwerer als Luft und erzeugen durch ihre Bewegung einen dynamischen Auftrieb, weshalb man von „fliegen" spricht.
> leichter als Luft = fahren
> schwerer als Luft = fliegen

> ? **Schon gewusst?**
>
> Als Fluid bezeichnet man in der Physik Gase und Flüssigkeiten. Man verwendet diesen übergeordneten Begriff, da die meisten physikalischen Gesetze für beide Medien gleichermaßen gelten.

zeugflügel ausfahrbar und innerhalb kürzester Zeit (in weniger als einer Sekunde) verstellbar machen. Auf Strömungsänderungen könnte man so mittels eines Computers schnell reagieren. Doch diese Technik steckt noch in den Kinderschuhen und ist weit von einem effizienten und sicheren Einsatz im Flugverkehr entfernt.

Der Traum vom Fliegen: Luftfahrtpioniere

Der Flug des „Schneiders von Ulm" Berblinger

Die besten Flieger sind Vögel und Insekten. Da die Flugtechnik der Insekten, wie z. B. der Flug einer

Libelle, viel zu komplex ist, dienten von jeher Vögel als Vorbilder für die ersten Flugmodelle. Die ersten echten Gleitflugversuche unternahm Albrecht Ludwig Berblinger (1770–1829). Sein Interesse galt der Mechanik, weshalb er neben seiner Tätigkeit als Schneider als Erfinder wirkte. Er entwickelte u. a. orthopädische Hilfsmittel, wie z. B. die erste Beinprothese mit einem Gelenk. Zwischen 1810 und 1811 entwarf Berblinger seine bekannteste Schöpfung, einen flugfähigen Hängegleiter. Seine Konstruktion fußte auf Beobachtungen an Eulen. Berblinger steckte sein gesamtes Vermögen in den Bau seines Flugapparats. Seinen ersten Flugversuch über die Donau am 30. Mai 1811 brach er wegen eines Schadens an seinem Fluggerät ab. Doch am nächsten Tag wiederholte er den Versuch, der wegen ungünstiger Windverhältnisse scheiterte. Berblinger stürzte in die Donau. Er überlebte zwar, doch die Menge verspottete ihn – was seinen gesellschaftlichen Ruin bedeutete. 1986 – viele Jahre nach Berblingers Tod – wies man nach, dass sein Flugapparat tatsächlich flugtauglich gewesen war. Jedoch fehlten über der Donau die zum Gleiten notwendigen warmen Aufwinde. Somit war Berblinger wohl der erste Mensch, der einen flugfähigen Gleitflieger nach dem Vorbild der Natur erschaffen hatte.

Der erste Gleitflug gelang 1852 dem Flugpionier Sir George Cayley (1773–1857). Seine Gleiter besaßen große Ähnlichkeit mit heutigen Gleitfliegern. Cayley führte zahlreiche Experimente zu den Strömungsverhältnissen und Kraftwirkungen an Flügeln durch. Der wohl bekannteste Pionier der Flugzeugentwicklung war Otto Lilienthal (1848–96). Er leistete wichtige Vorarbeiten zum Tragflächenbau. Otto Lilienthal und sein Bruder Gustav (1849–1933) nahmen Storchenflügel zum Vorbild für die Tragflächen ihrer Flugapparate. Dabei stellten sie fest, dass der Storchenflügel eine Wölbung aufwies. Seine Beobachtungen und theoretischen Ergebnisse hielt Lilienthal in seinem 1889 veröffentlichten Buch *Der Vogelflug* als Grundlage der Fliegerkunst fest. Er war der Erste, der erkannte, dass Auftrieb und Vortrieb voneinander unabhängig zu betrachten sind. Erst die Entkopplung von Auftrieb und Vortrieb schuf die theoretische Grundlage

Flugversuch von Otto Lilienthal

für den modernen Flugzeugbau. Während Flugzeuge die notwendige Geschwindigkeit durch Propeller oder Triebwerke erzeugen, dienen die Tragflächen dem Auftrieb. Vögel nutzen für beide Mechanismen ihre Flügel.

Lilienthal entwickelte zahlreiche Flugapparate für den Gleitflug und erreichte damit Flugweiten von bis zu 250 Metern. Doch die Übertragung der technischen Grundlagen auf einen Gleitflieger bereitete Lilienthal Schwierigkeiten. Das größte Problem war das Gleichgewicht des Fliegers in der Luft. Lilienthal wusste, dass Vögel ihren Schwanz verwenden, um eine stabile Position in der Luft zu halten, indem sie ihren Schwanz je nach Flugbedingungen verdrehen. Lilienthal führte als Ergänzung zur steifen waagerechten Schwanzfläche seiner Gleiter eine senkrechte Fläche zur Steuerung ein. Diese Konstruktion entspricht dem heutigen Leitwerk an Flugzeughecks. Die aerodynamische Formgebung seiner Tragflügel erprobte er auf einem „Rundlaufapparat", der von der Funktion her ein Vorgänger der modernen Windkanäle war. Lilienthals Normalsegelapparat, ein Hängegleiter, war das erste in Serie gebaute und verkaufte Flugzeug der Geschichte. Sämtliche von Lilienthal erbauten Flugapparate besaßen keinen Antrieb. 1896 stürzte Lilienthal bei Stölln aufgrund einer Windböe ab und erlag seinen schweren Verletzungen.

Ebenfalls als herausragende Flugpioniere gelten die Gebrüder Orville (1871–1948) und Wilbur Wright (1867–1912), denen 1903 erstmals ein gesteuerter Motorflug gelang. Darüber hinaus dokumentierten sie ihre Flüge genauestens. Die Brüder gelten als Erfinder des Steuerungssystems über drei Achsen (Höhen-, Seiten- und Querruder). Die Wrights verhalfen damit dem Motorflug zum Durchbruch.

Die Brüder Wright

Der österreichische Flugpionier Igo Etrich (1879–1967) entwickelte 1909 zusammen mit Karl Illner (1877–1935) die Etrich-Taube – eine echte bionische Erfindung, denn der transparente, sichelförmige Flugsamen der Pflanze zanonia macrocarpa, einem kletternden Kürbisgewächs, diente als Vorbild für die Tragflächenform der Taube. Ihre Tragflächen waren ebenfalls weitgehend durchscheinend, sodass man das Flugzeug in über 400 Meter Höhe nur schwer vom Boden aus erkennen konnte. Die Franzosen nannten die im Ersten Weltkrieg oft als Aufklärer eingesetzte Etrich-Taube das „unsichtbare Flugzeug".

Einen weiteren wichtigen Meilenstein in der Luftfahrtgeschichte stellte die Überwindung der Schallmauer dar. Sie galt lange Zeit als Geschwindigkeitsgrenze. Am 14. Oktober 1947 durchbrach der amerikanische Testpilot Chuck Yeager (geb. 1923) in einer Bell X-1 in etwa 15.000 Meter Höhe als erster Mensch die Schallmauer.

! Luftfahrt

Der Begriff „Luftfahrt" umfasst sämtliche Fluggeräte. Da Ballone und Luftschiffe (lenkbares Luftfahrzeug der Kategorie „leichter als Luft = fahren" mit eigenem Antrieb) die ersten Fluggeräte darstellten, etablierte sich der Begriff der Luftfahrt.

? Schon gewusst?

Ein Hängegleiter (auch Drachen oder Deltasegler genannt) ist ein motorloses Luftsportgerät, das so leicht ist, dass der Pilot es bei Start und Landung selbst tragen kann. Technisch gehören Hängegleiter zu den Flugzeugen, da sie der Kategorie „schwerer als Luft" angehören.

! Schallmauer

Durchbrechung der Schallmauer

Als Schallmauer bezeichnet man die Grenze zwischen Unter- und Überschallgeschwindigkeit. Überschall meint, dass sich ein Objekt schneller bewegt als der Schall im gleichen Medium. Die Einheit der Schallgeschwindigkeit ist Mach (benannt nach dem Physiker Ernst Mach, 1838–1916). Ein Mach beträgt etwa 1000 Kilometer pro Stunde. In größeren Höhen ist die Schallgeschwindigkeit wegen der niedrigeren Temperaturen geringer als am Boden. Nähert sich z. B. ein Flugzeug der Schallgeschwindigkeit, kommt es durch die Kompressibilität (Zusammendrückbarkeit) der Luft zu Stoßwellen an verschiedenen Teilen des Flugzeugs, wodurch der aerodynamische Widerstand ansteigt. Ist die Schallmauer durchbrochen, hört man den Überschallknall, und der Widerstand am Flugzeug sinkt wieder ab.

Ruder-, Gleit- und Segelflug

Die am weitesten verbreitete Flugart unter den Vögeln ist der Ruderflug. Die Bewegung resultiert aus reiner Muskelarbeit, wobei viele Vogelarten immer wieder kurze Pausen in Form von Segel- oder Gleitflugphasen einlegen, um Kraft zu sparen. Beim Ruderflug bewegen die Vögel ihre Flügel abwechselnd auf und ab; der Vogel rudert quasi mit seinen Flügeln durch die Luft. Erst die Erfindung der Fotografie im 19. Jh. ermöglichte eine detaillierte Beobachtung des Vogelflugs. Es stellte sich heraus, dass Vögel ihre Flügel sowohl vorwärts als auch aufwärts bewegen und damit sowohl Auf- als auch Vortrieb erzielen. Beim Abschlag (Senken der Flügel) drückt der Vogel mit gestreckten Flügeln die Luft von vorne nach hinten, woraus ein Schub nach vorne oben resultiert. Beim Aufschlag (Heben der Flügel) verdreht der Vogel die Vorderkante seiner Flügel nach oben; die Flügelkante durchschneidet die Luft, wobei der Flügel einen minimalen Widerstand erfährt. Der Vogelflügel beschreibt während eines vollständigen Flügelschlags die Form einer Acht. Vögel, die den Ruderflug nutzen, verfügen meist über relativ kurze Flügel. Typische Vertreter der Ruderflieger sind Singvögel, wie z. B. Rotkehlchen, Amseln, Wellensittiche sowie Papageien und Kanarienvögel. Sie alle sind in der Lage, einen Senkrechtstart auszuführen.

Größere Vogelarten bevorzugen den Gleit- oder Segelflug, da ein ständiger Ruderflug für größere und damit schwerere Vögel viel zu anstrengend ist. Allgemein gilt: Je größer ein Vogel ist, desto langsamer ist sein Flügelschlag und desto größer ist der Anteil des Segelflugs an seiner Gesamtflugzeit. Die maximale Größe eines fliegenden Vogels ist schnell erreicht, denn während die Flügelfläche mit der Größe quadratisch ansteigt, wächst das Gesamtgewicht des Vogels in der dritten Potenz. Die beiden Vogelarten Groß- und Riesentrappe sind die schwersten flugfähigen Vögel. Sie erreichen ein Maximalgewicht von 18 bis

Riesentrappe

20 Kilogramm. Mit dem Gleitflug sparen diese Vögel Energie.

Insbesondere die Weitstreckenflieger unter den Vögeln nutzen diese Flugart; sie gleiten auf Luftströmungen. So haben sich u. a. die Albatrosse mit Flügelspannweiten von bis zu 3,6 Metern auf den Gleitflug spezialisiert. Ihre langen, schlanken Flügel sind mit den Tragflächen eines Segelflugzeugs vergleichbar. Im Unterschied zu Segelflugzeugen sind Albatrosse jedoch in der Lage, den Anstellwinkel, die Wölbung und die Spannweite ihrer Flügel den Windbedingungen anzupassen. Weniger elegant wirken Albatrosse und andere Gleitflieger bei Start und Landung. Da sie so schwer sind, gelingt ihnen der Start nur unter größtem Kraftaufwand mithilfe des Ruderflugs. Gleichzeitig zum Flügelschlag rennen Albatrosse und stoßen sich dabei heftig vom Boden ab. Auch ihre Landungen wirken oft plump und unbeholfen, da sie leicht stolpern und so eine Bruchlandung erleiden.

Eine weitere äußerst energiesparende Flugmethode ist der Segelflug. Hierbei nutzen die Vögel Aufwinde, um ohne aktiven Flügelschlag in große Höhen emporzusteigen. Spezialisten auf diesem Gebiet sind z. B. Geier. Sie nutzen die Thermik an steilen Felswänden oder über weitläufigen Landschaften, wie z. B. Steppen oder Wüsten, um mit geringem Kraftaufwand in Höhen von bis zu elf Kilometern aufzusteigen. Dazu strecken sie ihre breiten, langen Flügel vollständig aus und bieten so den Aufwinden ein Maximum an Fläche. An bestimmten Orten der Erde lassen sich Geier einfach durch einen Sprung mit ausgebreiteten Flügeln von einer Felswand auf aufsteigende Aufwinde fallen. Diese tragen den Vogel dann spiralförmig nach oben.

! Gleit- und Segelflug in der Luftfahrt

Der Unterschied zwischen Gleit- und Segelflug ist der, dass Vögel oder Flugzeuge beim Segelflug zusätzlich natürliche Aufwinde zum höheren, schnelleren Fliegen nutzen. In der Luftfahrt bezeichnet der Segelflug das Fliegen mit motorlosen Flugzeugen, Luftsportgeräten oder das Fliegen mit abgeschaltetem Motor. Der Gleitflug ist die Grundlage des Segelflugs. Jedes Starrflügelflugzeug besitzt die Fähigkeit zum Gleitflug.

Rüttel- und Schwirrflug

Als Rüttelflug bezeichnet man die Flugart, bei der ein Vogel in der Luft an derselben Stelle verharrt. Dazu muss der Vogel äußerst kräftig mit seinen Flügeln schlagen. Die Form des Flügelschlags muss zwar einen Auftrieb erzeugen, damit der Vogel nicht zu Boden fällt, darf jedoch keinen Vortrieb leisten. Der Rüttelflug ist besonders anstrengend. Die Perfektion des Rüttelflugs ist der Schwirrflug, den nur Kolibris beherrschen. Sie sind somit die am weitesten entwickelten Flieger unter den Vögeln. Der Schwirrflug ist mit der Flugform des Helikopters vergleichbar. Kolibris schlagen mit ihren relativ kurzen Flügeln sehr schnell auf und ab. Dabei beschreiben ihre Flügelspitzen eine im Raum liegende Acht. Sie sind sogar in der Lage, rückwärts zu fliegen. Der Schwirrflug der Kolibris bildete die Grundidee für den Senkrechtflug in der Luftfahrt.

! Unterwasserflug

Fliegen funktioniert auch unter Wasser. Pinguine sind hier die Experten. Sie bewegen ihre Flügel ähnlich wie fliegende Vögel. Auch Meeresschildkröten, Papageientaucher und einige Singvögel sind in der Lage, unter Wasser zu fliegen.

Ornithopter

Fluggeräte, die wie ein Vogel mit den Flügeln schlagen, bezeichnet man als Ornithopter. Das Wort setzt sich aus dem griechischen Wort „ornithos" für „Vogel" und dem letzten Wortteil von Helikopter zusammen. Ornithopter baut

man meist in der Größe von kleinen Vögeln. Insbesondere im militärischen Bereich könnten sie eine Renaissance erleben. Denn vogeloder sogar nur insektengroße Mini-Flugkörper könnten als unbemannte Aufklärer dienen. Mini-Objekte eignen sich wegen ihres Strömungsverhaltens besser für Flügelschlagtechniken als große, schwere Körper. Ein Passagierflugzeug wird wahrscheinlich nie mittels einer Flügelschlagtechnik in die Lüfte empor steigen. Dazu sind Fluggeräte, die einen oder mehrere Menschen befördern, viel zu groß und zu schwer, wie die unzähligen Flugversuche am Beginn der Fluggeschichte belegen.

Physikalisch beschreibt die dimensionslose Reynoldszahl das Verhalten von Körpern in Strömungen. Eine dimensions- oder einheitslose Größe ist ein reiner Zahlenwert ohne Maßeinheit. Die Größe der Dimension hat hierbei den Wert 1, weshalb man die Dimension nicht angibt. Die Reynoldszahl beschreibt das Verhältnis von Trägheits- zu Zähigkeitskräften. Für eine ideale Flüssigkeit ohne Viskosität (Zähigkeit) ist das Verhältnis unendlich, mathematisch also gleich der Zahl 1. Für Körper in einem strömendem Medium gilt: Je kleiner ein Tier bzw. Objekt ist, desto „zäher" ist das Medium, in dem es sich bewegt. Umgekehrt kann man auch sagen: Je größer ein Körper ist, desto mehr Einfluss gewinnt die Strömungsmechanik auf die Bewegung des Körpers. Die Reynoldszahl hängt somit unmittelbar von der Größe des Objektes bzw. dem Durchmesser bei Röhren ab. Bei Körpern mit Reynoldszahlen unter etwa 2300 gleiten die Körper glatt und ohne Turbulenzen (Wirbel) durch das umgebende Fluid. Man spricht in diesem Fall von einer laminaren Strömung. Ein Beispiel hierfür ist eine kleine Stahlkugel, die in ein Glas Honig eintaucht. Bei höheren Reynoldszahlen bilden sich Verwirbelungen, und der Widerstand erhöht sich; es entsteht eine turbulente Strömung. Wirbel und Strudel in Flüssigkeiten sind solche turbulenten Strömungen, aber auch der Rauch einer Zigarette in einer zugluftfreien Umgebung geht nach einer bestimmten Steighöhe in eine turbulente Strömung über; es bilden sich Rauchschlieren.

Geeignete Forschungsobjekte für Mini-Ornithopter sind Kolibris. Zu ihrer Art zählt die Gruppe der kleinsten aller Vögel und sie verfügen über eine ausgefeilte Flugtechnik. Die Flügel dieser Kolibris ähneln stark denen von Insekten. Ihre Ellenbogen und Gelenke sind verwachsen, sodass Kolibris ihre Flügel beim Fliegen nicht knicken, sondern vollständig auf- und ab bewegen. Damit gleicht ihr Flugverhalten dem Libellenflug.

Schon gewusst?

Die Bezeichnung „Helikopter" leitet sich aus den beiden griechischen Wörtern „helix" für „Spirale" und „pterion" für „Flügel" ab.

Seit Otto Lilienthal existieren viele Schlagflugtheorien nebeneinander. Doch bislang fehlt es noch an effektiven Antriebsmechanismen,

❗ Tragschrauber

Eine Mischung aus einem Hubschrauber und einem Flächenflugzeug ist der Tragschrauber (Autogyro). Es handelt sich dabei um ein Drehflügelflugzeug, bei dem der Rotor nicht durch ein Triebwerk wie beim Hubschrauber, sondern durch den Fahrtwind passiv in Drehung versetzt wird (Autorotation). Den Vortrieb des Tragschraubers generiert ein (Heck-) Propeller – genauso wie bei einem Starrflügelflugzeug. Den dynamischen Auftrieb erzeugt dieses Fluggerät – wie der Hubschrauber – durch die Relativbewegung der Rotorblätter gegenüber der umgebenden Luft. Alle Drehflügler (auch Hubschrauber) können wie Starrflügelflugzeuge gleiten. Bei z. B. ausgeschaltetem Motor erzeugen sie dann den erforderlichen Auftrieb durch Autorotation.

und auch die Flügelkonstruktionen sind noch nicht ausgereift. Man sucht noch nach dem idealen elastisch-dynamischen Material. Somit steht die Forschung der Ornithopter noch immer am Anfang.

> ! **Strömungsmechanik**
>
> Die Strömungsmechanik, auch Strömungslehre, ist die Physik der Fluide. Man unterteilt die Strömungslehre in Hydrostatik (Verhalten in Flüssigkeiten) und Aerostatik (Verhalten in Gasen).

Winglets und Schlaufenpropeller

Von den Vögeln kann man aber noch mehr lernen. So passen Vögel durch das Spreizen ihrer Federn am Ende des Flügels diese optimal an die Windverhältnisse an. Durch das Spreizen der Federn ergeben sich viele kleine Luftwirbel statt eines großen Wirbels um den Flügel. Hierdurch verringert sich der Luftwiderstand, und der Vogel benötigt weniger Kraft zum Fliegen. Flugzeugmaterialien sind hierzu nicht in der Lage, da die „Flügelchen" nicht ständig den gleichen Abstand voneinander haben dürfen, sondern sich jeweils auf die gegebenen Flugbedingungen einstellen müssen. Vogelfedern sind zudem äußerst nachgiebig und passen sich „von selbst" an. Doch die Übertragung des Prinzips gelang durch senkrechte, meist nach oben oder nach oben und unten ausgerichtete Anbauten an den Flügelspitzen von Flugzeugen, den sogenannten Winglets. Sie erzeugen ebenfalls viele kleine Wirbel statt eines großen an den Enden der Tragflächen, wodurch man Treibstoff einspart. Das Prinzip ist auch auf andere Gebiete übertragbar. So findet man abgewandelte Winglets u. a. an Formel-1-Fahrzeugen.

Natürliche Winglets beim Kondor

Bei Hubschraubern konnte man durch die Beobachtung von lautlos durch die Luft gleitenden Eulen eine Verminderung der Lautstärke erreichen. Eulen spreizen ebenfalls ihre Schwungfedern und erzeugen durch die vielen kleinen Federn viele kleine Wirbel. Die bionischen Rotorblätter eines Hubschraubers sind in der Lage, ihre Form an die aktuelle Strömungssituation anzupassen. Zusätzliche Steuerklappen an den Enden der Rotorblätter durchbrechen die spiralförmigen Wirbel und lenken den Luftstrom nach oben bzw. unten ab. Somit durchschlägt das nachfolgende Rotorblatt den Wirbel nicht mehr, wodurch sich das typische Helikopter-Knattern – hervorgerufen durch die schlagartige Druckänderung – reduziert. Erste Tests erzielten eine Verringerung des Hubschrauberlärms um gut die Hälfte.

Eine zweite Möglichkeit zur Reduktion des Widerstands stellen Schlaufenpropeller dar. Statt der Winglets verwendet man einen schlaufenförmigen Flügel. Solche Schlaufenpropeller sind universell einsetzbar, z. B. als Propeller an Flugzeugen, Schiffsschrauben oder bei Windrädern.

Adaptive Flügel

Der perfektionierte Vogelflug ist bislang unerreicht. So passt sich ein Vogelflügel in jeder Flugphase den herrschenden Bedingungen optimal an. Beim sogenannten adaptiven Flügel versucht man, dies nachzuahmen. Der Tragflügel soll sich nach Möglichkeit ebenfalls anpassen. Beobachtet man einen Vogel, während er langsam fliegt, so erkennt man, dass der Vogel die gesamte Spannweite seiner Flügel nutzt, um den größtmöglichen Auftrieb zu erzielen.

Fliegt ein Vogel mit hoher Geschwindigkeit, so steht die Verringerung des Luftwiderstands im Vordergrund, um eine hohe Geschwindigkeit zu erzielen. Deshalb breitet der Vogel im Schnellflug seine Flügel nicht vollständig aus. Dieses Prinzip setzt man u. a. bei Kampfflugzeugen ein. So lassen sich die Tragflächen je nach Fluggeschwindigkeit ein- oder ausklappen. Dieses Klappensystem will man jedoch zukünftig durch verformbare Tragflächen ablösen. Dabei soll sich die Flügelgeometrie an die jeweiligen Flugbedingungen automatisch anpassen. Doch auch hier fehlt es momentan noch an den passenden Materialien, welche gleichzeitig flexibel und äußerst belastbar sein müssen.

 Schon gewusst?

Der Begriff „Adaption" leitet sich vom lateinischen Wort „adaptare" ab, was so viel wie „anpassen" bedeutet.

Schwimmen und tauchen

Tauchen ist dem Fliegen sehr ähnlich. Es gelten im Wasser weitgehend dieselben physikalischen Gesetze wie in der Luft. So muss jeder Schwimmer bzw. Taucher Auftrieb und Vortrieb erzeugen.

❓ Schon gewusst?

Frauen erfahren gegenüber Männern im Schnitt einen besseren Auftrieb beim Schwimmen. Warum ist das so? Zum einen besteht bei Frauen ein höherer Prozentsatz der Körpermasse aus Fett als bei Männern. Er beträgt bei Frauen ca. 25 und bei Männern ca. 15 Prozent. Da Fett leichter ist als Wasser, ist die äußere Dichte des weiblichen Körpers in der Regel geringer als die des männlichen. Zum zweiten spielt beim Auftrieb der Körperbau eine wichtige Rolle. Männer besitzen breite Schultern, wodurch das Auftriebszentrum im Bereich der Lungen liegt. Als Auftriebszentrum nimmt man den Punkt an, in dem die Auftriebskraft angreift. Der Schwerpunkt eines Mannes liegt, wegen des Gewichts der Beine, in der Beckengegend. Merkmal des weiblichen Körpers sind ein ausgeprägtes Becken und Oberschenkel. Somit befindet sich das Auftriebszentrum bei Frauen meist in der Beckengegend. Ihr Schwerpunkt liegt jedoch etwas oberhalb des Auftriebszentrums. Damit ist die Lage des Auftriebszentrums und des Schwerpunkts bei Männern und Frauen vertauscht. Für Frauen ergibt sich dadurch eine bessere Stabilität.

Gleichzeitig wirken sein Gewicht und der herrschende Widerstand auf die Effektivität seiner Bewegung ein. Es ist nicht weiter erstaunlich, dass Fischflossen – ähnlich wie Vogelflügel beim Fliegen – als natürliches Vorbild für die Technik beim Schwimmen bzw. Tauchen dienten. So stellen Taucherflossen eine einfache bionische Übertragung von der Natur in die Technik bzw. den Tauchsport dar. Die Schwimmhilfe patentierte 1933 der Franzose Louis de Corlieu. Die Flossen vergrößern den Vortrieb, indem sie die Kräfte des Schwimmers bzw. Tauchers besser ausnutzen. Durch den Einsatz von Taucherflossen spart ihr Träger etwa 40 Prozent an Energie.

Strömungswiderstand

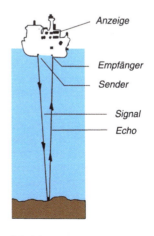

Echolot

Ein wichtiger Faktor beim Schwimmen und Tauchen ist die Minimierung des Strömungswiderstands. Physikalisch unterscheidet man zwischen dem Form- bzw. Druckwiderstand und dem Reibungswiderstand. Möchte ein Radfahrer seinen Druckwiderstand verringern, so beugt er sich tief über das Lenkrad, um die angeströmte Fläche zu minimieren. Der Druckwiderstand ist also der Widerstand, den ein Körper durch das Verdrängen des umgebenden Mediums (z. B. Luft oder Wasser) erfährt. Zusätzlich entsteht ein Reibungswiderstand, wenn sich Luft oder Wasser an der Oberfläche eines Körpers entlangbewegt. Der Strömungswiderstand nimmt im Quadrat mit der Schwimmgeschwindigkeit zu, d. h. bei doppelter Geschwindigkeit vervierfacht sich der Widerstand. Anders ausgedrückt müsste ein Schwimmer viermal so viel leisten, um eine doppelte Geschwindigkeit zu erzielen.

Dass die Körperform bzw. der Frontalwiderstand der entscheidende Faktor für die erreichbare Geschwindigkeit bei gleicher Vortriebskraft ist, bewies ein ungewöhnliches Experiment im Jahre 2004 zum Einfluss der Viskosität (Zähigkeit) einer Flüssigkeit auf die Schwimmgeschwindigkeit. An der University of Minnesota schwammen Freiwillige durch ein Gel-Becken. Das Wasser wandelten die Forscher zuvor mit Guarmehl in einen zähflüssigen Schleim um. Das Ergebnis des Experiments: Entgegen den Erwartungen, dass die Sirup-Schwimmer langsamer sein müssten, stellte sich heraus, dass die Viskosität der Flüssigkeit keinen Einfluss auf die Schwimmgeschwindigkeit hat. Das Gel leistet den Schwimmern zwar mehr Widerstand, gleichzeitig bringt jeder Schwimmzug den Schwimmer aber auch weiter nach vorne. Diese beiden Effekte gleichen sich aus, sodass das Schwimmen in Wasser und in Gel zu gleichen Geschwindigkeiten führt. Dieses Ergebnis passt gut zur Theorie, dass der Frontalwiderstand, also die Form des Schwimmers, für die maximal zu erreichende Geschwindigkeit entscheidend ist. Der ideale Schwimmer sollte demnach einen Körper wie eine Schlange und die Arme eines Gorillas besitzen. Denn beim Menschen fließt das Wasser immer turbulent um den Körper. Anders ist dies z. B. bei Bakterien. Sie sind so klein, dass das Wasser sie laminar umfließt, also keine Wirbel erzeugt.

! Guarmehl

Guarmehl gewinnt man aus den Samen der Guarbohne (cyamopsis tetragonolba). Sie ist eine Nutzpflanze aus der Familie der Hülsenfrüchte.

Form und Widerstand

Die Körperform hat also einen besonderen Einfluss auf den Widerstand. Die Formen der im Wasser lebenden Organismen sind besonders stromlinienförmig ausgebildet. Eine Stromlinienform ist eine Körperform, die sich durch einen geringen Strömungswiderstand gegenüber dem umströmenden Fluid auszeichnet. Ein Maß für die Stromlinienförmigkeit eines Körpers ist der Strömungswiderstandskoeffizient (cw-Wert). Dieser Wert ist in erster Näherung allein von der Form und nicht von der Größe des umströmten Körpers abhängig. Je niedriger der cw-Wert, desto stromlinienförmiger ist ein Körper. Vergleicht man verschiedene Körper im Windkanal hinsichtlich ihrer Stromlinienförmigkeit, so ergibt sich als optimale Form die Spindel- bzw. Tropfenform. Während Quader starke Verwirbelungen hervorrufen und damit dem Medium einen hohen Widerstand entgegensetzen, erzeugen Kugeln weniger Wirbel und einen geringeren Widerstand. Die optimale Form stellt die Spindel dar. Sie ist vorne rund wie eine Kugel und nach hinten verjüngt. An einem spindelförmigen Körper läuft die Strömung entlang, ohne dass sich Wirbel bilden. In der Natur ist der Pinguinkörper das Ideal. Die an Land eher plump wirkenden Tiere erreichen unter Wasser einen hervorragenden cw-Wert von etwa 0,04. Ihre Form ist allerdings z. B für Personenkraftwagen eher ungeeignet, da sie zu geringe Stabilität und zu wenig Stauraum bietet. Deshalb nahmen sich die Ingenieure von DaimlerChrysler den Kofferfisch zum Vorbild.

Kofferfisch

Trotz seiner kastenartigen Form ist der Kofferfisch sehr wendig und verfügt über sehr gute Strömungseigenschaften. Bei Versuchen mit Modellen des Kofferfischs maß man einen cw-Wert von ca. 0,06. Seine Kanten erzeugen im Wasser kleine Wirbel, die dem Fisch zusätzliche Stabilität garantieren. Der cw-Wert des auf der Internationalen Automobil Ausstellung (IAA) 2005 präsentierten Konzeptfahrzeugs „bionic car" beträgt etwa 0,1.

Auch der Wulstbug (Vorderseite bei Schiffen) ist eine bionische Erfindung. Delfine besitzen auf ihrer

> **! Spindelrumpf für Flugzeuge?**
>
> Die Spindelform könnte auch in der Luft zu erheblichen Treibstoffeinsparungen führen. 1962 schlug der Luftfahrtingenieur Heinrich Hertel (1901–82) ein Flugzeug mit Spindelrumpf vor. Das Hertel-Flugzeug wurde bislang aus Kostengründen nicht gebaut. Denn hierzu müsste man jeden Rumpfabschnitt einzeln anfertigen. Heutige röhrenförmige Flugzeuge fertigt man aus vielen gleichen Teilen.

Vorderseite eine wulstförmige Verdickung der Nase, welche ihren Strömungswiderstand erheblich herabsetzt. Die wulstige Nase verringert die Wellenbildung und damit den Strömungswiderstand, sodass der Delfin Antriebsenergie spart und eine höhere Geschwindigkeit erzielt. Gegenüber einem spitzen Schiffsbug spart ein Wulstbug rund 30 Prozent Treibstoff und verdoppelt ganz nebenbei die Geschwindigkeit um gut das Doppelte.

Oberfläche und Reibungswiderstand

Um den Reibungswiderstand zu verringern, hat sich die Natur im Laufe der Evolution viel einfallen lassen. So reduzieren viele Fische die Reibung durch eine schleimige Oberfläche. Die Haut der Fische besteht aus zwei Schichten: aus der bindegewebshaltigen Lederhaut, in der sich Schuppen und Farbzellen befinden, sowie aus der mit Schleimdrüsen versehenen Oberhaut. Der Schleim verringert den Strömungswiderstand, da er die Grenzgeschwindigkeit für die Entstehung von Turbulenzen heraufsetzt. Des Weiteren hat der Fischschleim eine schützende Wirkung auf die Schuppen und die darunterliegende Haut, da er antibakteriell wirkt. Bisher ist es den Wissenschaftlern nicht gelungen, eine solche Schleimschicht auf Oberflächen dauerhaft aufzubringen; sie nutzt sich nach einiger Zeit ab. Fische produzieren ihren Schleim ständig nach.

Beim Hai hat man eine andere Technik zur Reduzierung des Reibungswiderstands entdeckt. Der Haihauteffekt zählt neben dem Lotuseffekt zu den bekanntesten Ergebnissen der bionischen Forschung. Die Haihaut verfügt über

> **Schon gewusst?**
>
> Der Fächerfisch, auch Segelfisch genannt, ist das schnellste Tier der Ozeane. Er erreicht eine maximale Geschwindigkeit von rund 110 Kilometern pro Stunde. Ein Schwertfisch kommt auf 90 und Blauhaie sowie Thunfische erreichen etwa 70 Kilometer pro Stunde.

besondere Schuppen. Streicht man von vorn nach hinten über den Rücken eines Hais, so fühlt sich die Haut glatt an. Streicht man in die Gegenrichtung, also von hinten nach vorn, so empfindet man sie als rau. Das Besondere an den Haischuppen ist, dass es sich bei den Schuppen eigentlich um Zähne handelt. Wie richtige Zähne bestehen die „Schuppenzähne" aus der Knochensubstanz Dentin. Ende der 1970er-Jahre stellte der Tübinger Paläontologe Wolf-Ernst Reif (geb. 1945) fest, dass die Schuppen über eine Rillenstruktur verfügen und so angeordnet sind, dass sich die Rillenstruktur über den gesamten Körper erstreckt. Aufgabe der Schuppen ist es, den Haikörper durch die Verringerung des Oberflächenwiderstands schlüpfriger zu machen. Die Rillenstruktur ist eigentlich paradox, denn durch sie müsste sich theoretisch der Reibungswiderstand erhöhen, da sich die zu umströmende Oberfläche fast verdoppelt. Tatsächlich entstehen durch die Rillen viele kleine Wasserwirbel. Diese verringern die seitlich gerichteten Kräfte der turbulenten Strömung und setzen die Bremswirkung herab. Kurz gesagt, die Wandreibung reduziert sich. Der Haihauteffekt funktioniert jedoch nur beim schnellen Schwimmen; beim langsamen Schwimmen sind glatte Oberflächen günstiger.

In Zusammenarbeit mit der Deutschen Forschungsanstalt für Luft- und Raumfahrt in Berlin entwickelten die Wissenschaftler eine Rillenfolie, die Ribletfolie. 1992 erhielt diese Erfindung den ersten deutschen Bionik-Preis. Die Folie sollte auf Flugzeugen aufgeklebt eine Treibstoffeinsparung erbringen, denn der Haihauteffekt funktioniert auch in der Luft. Leider gestaltete sich das Aufbringen der Folie auf den Flugzeugrumpf als sehr zeitaufwendig, da dies von Hand geschehen musste. Außerdem musste man sie bei jeder Inspektion wieder entfernen und anschließend neu aufkleben, was

Schwimmanzug mit Haihauteffekt

enorme Standkosten verursachte. Unter dem Strich machten die Inspektionskosten die Treibstoffeinsparungen wieder wett, weshalb die Ribletfolie nicht über eine Testphase in der Flugzeugtechnik hinauskam.

 Schon gewusst?

Wegen der Rauigkeit nutzte man Haihaut früher zum Schleifen und Polieren von z. B. Holz.

Neben Flugzeugen wurde der Haihauteffekt u.a. auch an Schwimmanzügen für Delfin- und Kraulschwimmer getestet. Hier sollen kleine Härchen den Wasserwiderstand verringern. In der Praxis zeigte sich bislang jedoch kein messbarer Effekt. Das liegt wohl daran, dass – wie oben bereits mit dem Gel-schwimmen-Experiment anschaulich dargestellt – der Frontalwiderstand, also die Form des Schwimmers, für die erreichbare Geschwindigkeit ausschlaggebend ist. Eine konkrete Anwendung der Haihaut-Riblets konnte man demnach bislang noch nicht entwickeln.

 Ribletfolie

Die technische Umsetzung der Haihaut-Rillenstruktur bezeichnet man als Riblets (engl. rib = Rippe; Rille bzw. rip profile = Rillenprofil).

Mikroblasen – Der Trick mit der Luft

Tauchender Pinguin

Pinguine speichern in ihrem Gefieder Luft, die beim schnellen Schwimmen oder beim flüchtenden Sprung von einer Eisscholle in Form von kleinen Luftblasen entweicht. Dieser Blasenschleier verringert den Widerstand und verhilft dem Pinguin zu besonders hoher Schnelligkeit. In Laborversuchen konnte man nachweisen, dass sich der Wasserwiderstand eines mit Luftblasen umspülten Gegenstands um bis zu 50 Prozent herabsetzen lässt. Eine wissenschaftlich fundierte Klärung dieses Effekts gibt es bislang nicht. Es existieren jedoch zwei Erklärungsansätze:

1. Man vermutet, dass die Luftblasen mit ihrer zum umgebenden Wasser relativ geringeren Dichte die Dichte der turbulenten Grenzschicht verringern. Hierdurch erhielte der Pinguin einen zusätzlichen Auftrieb.

2. Eine zweite Theorie fußt auf der Verformbarkeit der Luftblasen. Durch Verformung der Blasen sollen sich die turbulenten Strömungen in der Grenzschicht reduzieren und damit zur Verringerung des Reibungswiderstands führen.

Obwohl der Mikroblaseneffekt noch nicht gänzlich aufgeklärt ist, erprobt man bereits künstlich erzeugte Blasenschleier, die an der Rumpfunterseite von Schiffen aufsteigen und dadurch den Strömungswiderstand des Schiffes herabsetzen sollen.

Eine weitere Möglichkeit, den Reibungswiderstand herabzusetzen ist ein ständiges Luftpolster. Auch diesen Effekt nutzt die Natur. Wasserjagdspinnen verfügen an ihrer Oberfläche über eine grobe und eine feine, haarige Struktur. In den Hohlräumen der feinen Haare sammeln sich Lufteinschlüsse. So umhüllen sich diese Spinnen mit einer Luftschicht, die sie bei kurzen Tauchgängen trocken hält. Bislang erreichte man mit der Herstellung solcher Luftpolsteroberflächen noch keine zufriedenstellenden Erfolge. Einsatzgebiete könnten Badetextilien und Beschichtungen von Rohren darstellen.

Flossenantrieb bei Fischen

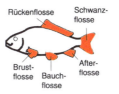

Flossen eines Fisches

Fischflossen bestehen aus einem mit Hautfalten verbundenen Gerüst, den Flossenstrahlen. Bei Knochenfischen sind diese Strahlen verknöchert, Knorpelfische besitzen Hornstrahlen. Die Flossenstrahlen sind in der Muskulatur verankert. Einige Fischarten verfügen zudem über skelettlose Flossen. Die meisten Fische besitzen sieben Flossen, welche paarig und unpaarig (einzelne Flossen) am Fischkörper angeordnet sind. Die paarigen Flossen entsprechen den Extremitäten der an Land lebenden Wirbeltiere, verfügen jedoch über keine direkte Verbindung mit der Wirbelsäule. Die Rückenflosse entspricht der eines Schiffskiels, d. h. sie stabilisiert die senkrechte Haltung des Fisches

> **? Schon gewusst?**
>
> Auch die bei uns heimische Wasserspitzmaus umgibt sich mit einem Luftpolster. Wenn sie im Wasser nach Insekten und Fischen jagt, bleibt ihr Fell trocken. Der Luftmantel schützt die Wasserspitzmaus zusätzlich gegen Unterkühlung bei niedrigen Temperaturen.

im Wasser. Die Brustflossen dienen als Höhensteuer, Bremse und ebenfalls zur Stabilisierung. Die Bauchflossen sind in der Regel relativ klein und übernehmen Steuerungsfunktionen. Die Schwanzflosse stellt das Hauptantriebsorgan der Fische dar. Sie erzeugt in der Regel den Vortrieb, indem sie den Körper mit kräftigen seitlichen Schlägen nach vorn durch das Wasser drückt. Der Fischkörper führt dabei längs seiner Achse wellenartige Bewegungen aus, wodurch er das Wasser an seiner Rückseite verdrängt und somit einen Schub nach vorne erzielt. Die Schwanzflosse kann, je nach Art, senkrecht oder waagerecht angeordnet sein. Auch die Form der Schwanzflosse variiert. Je nach Antriebsbewegung der Schwanzflosse erzeugen Fische unterschiedliche Arten von Wirbeln. So bilden sich z. B. Wirbelringe, Wirbelspulen oder ein Wirbelfaltblatt in Form der sogenannten Wirbelstraße hinter dem Fisch. Im Gegensatz zu einem Stein im Wasser, der eine turbulente Strömung hervorruft, erzeugt ein Fisch geordnete Wirbelpaare mit einem dazwischenliegenden Wasserstrahl. Die Wirbelpaare entstehen bei einer vollständigen Hin- und Herbewegung, wobei sie gegeneinander rotieren und leicht versetzt angeordnet sind. Die so erzeugten Wirbel beschleunigen das Wasser im Rücken des Fisches. Dieser erfährt durch die Impulsübertragung eine zusätzliche Beschleunigung in seine Bewegungsrichtung.

> **! Vorteile des Flossenantriebs**
>
> – Er ermöglicht einen hohen Schub aus dem Stand heraus.
> – Er erzielt sehr hohe Geschwindigkeiten.
> – Er verhilft zu extremer Wendigkeit.
> – Er verursacht vergleichsweise wenig Lärm.
> – Er hat einen relativ geringen Energieverbrauch.

Flossenpropeller

In einem Hamburger Museum ausgestellte Schiffsschraube

So naheliegend ein Flossenantrieb ist – in der Schifffahrt setzten sich Flügelpropeller durch. Die Anzahl der Propellerflügel variiert meist zwischen zwei und vier. Sie sind fast immer sternförmig (radial) um eine Welle angeordnet. Fest steht, dass der heute übliche Schiffsschraubenantrieb bei Weitem nicht so leistungsfähig ist wie der Flossenantrieb. 1903 entwickelte Zdenko Ritter von Limbeck einen Flossenpropeller. Ein Gestänge bewegte dabei die Flosse hin und her. Zur technischen Anwendung kam es jedoch nie. Der Nachteil eines Flossenantriebs liegt in der recht schwierigen Ankopplung an die üblichen Antriebsmaschinen mit rotierender Welle und in der Wirkungsumkehr für die Rückwärtsfahrt. Ein Flossenantrieb wäre insbesondere für Schlepper und Fähren interessant, da sie aus dem Stand oder aus geringer Geschwindigkeit heraus einen großen Schub entwickeln müssen.

Ein anderes Beispiel: Tretboote. Sie besitzen rotierende Schaufelräder, welche auf Flüssen und Seen den Untergrund heftig aufwirbeln und das Leben unter Wasser stören. Ein Flossenantrieb wäre besser geeignet. So versuchten sich die Forscher der Universität des Saarlandes in Saarbrücken 1995 an einem Tretboot mit Flossenantrieb. Als natürliches Vorbild für die Tretbootflosse diente die waagerecht stehende Flosse von z. B. Delfinen oder Walen. Leider weist der Prototyp noch Schwierigkeiten auf. So ist die Bewegung u. a. noch ruckartig.

❓ Schon gewusst?

Joseph Ludwig Franz Ressel (1793–1857) war zwar nicht der Erfinder des Schiffspropellers, aber doch derjenige, der ihn zur technischen Reife brachte. Damals nannte man den Propeller noch Schraube, weil er große Ähnlichkeit mit der archimedischen Schraube besaß. Die von Archimedes im 3. Jh. v. Chr. entwickelte „Schneckenpumpe" ist eine Förderanlage für z. B. Wasser, deren wesentliches Bauteil eine Schraube mit ausgeprägten Gewindeflächen darstellt.

Fischroboter „RoboTuna"

Seit Anfang der 1990er-Jahre arbeitet man am MIT in Cambridge an der Konstruktion eines künstlichen Fischs mit der Bezeichnung „RoboTuna". Als Vorbild diente dabei der Rote Thunfisch wegen seiner Ausdauer, Leistung und Größe. Das Modell hat eine Länge von 124 Zentimetern und setzt sich aus mehreren Segmenten zusammen, die durch Drehgelenke miteinander verbunden sind. Die Haut, die man über das Fischskelett zieht, besteht aus Schaumstoff oder Gummi. In erster Linie möchte man mithilfe des Thunfischmodells weitere Kenntnisse über die Bewegungsvorgänge bei Fischen gewinnen. Dazu untersuchen die Forscher die Wirbel, die sie mittels einer Farbstoffdüse am Hinterteil des Schwimmroboters sichtbar machen. Den Fischroboter ziehen die Wissenschaftler auf einem Rollschlitten durch das Wasserbecken. Ein weiterer Prototyp verfügt über ein Gerippe aus Kohlefasern und ist in der Lage, einige Stunden selbstständig zu schwimmen. Doch bislang sind die Bewegungsabläufe des Fischmodells noch weit entfernt von der geschmeidigen Fortbewegung realer Fische. Die Forscher betreiben hier Grundlagenforschung. Dennoch könnte der Fischroboter ein Vorbild für neuartige Wasserfahrzeuge darstellen.

? Schon gewusst?

Thunfische gehören zur Familie der Makrelen und Thunfische. Der Rote Thunfisch oder Blauflossen-Thunfisch kommt im Mittelmeer und Atlantik vor. Er kann eine Länge von bis zu 4,5 Meter und ein Gewicht von etwa 600 Kilogramm erreichen. Sein Bestand ist im Mittelmeer mittlerweile stark bedroht. Besonders die sogenannte Mästung von Thunfischen erweist sich als sehr problematisch, da man ganze Schwärme fängt und diese dann in Aufzuchtstationen schleppt, ohne dabei eine aktive Nachzucht zu betreiben.

Krabbeln und laufen

Roboter ähneln in ihrem Aussehen häufig Menschen oder Tieren. Dabei sind sie ihren natürlichen Vorbildern optisch nachempfunden, also meist nur äußerlich gleich. Die Funktionsweisen, z. B. von Gelenken, unterscheiden sich jedoch erheblich, weshalb man von Analogien sprechen kann. Doch man versucht zunehmend, die Prinzipien der Natur auf die Robotertechnik zu übertragen. So existieren erste Entwürfe für künstliche Muskeln, Sinnesorgane und Verarbeitungseinheiten von elektrischen Signalen nach dem Vorbild lebender Organismen. Ihr Einsatzgebiet reicht von Industrierobotern, z. B. bei der Fließbandarbeit in der Automobilherstellung, über Spielzeugroboter, wie der japanische Roboterhund „AIBO", und Haushaltsroboter, wie z. B. selbstständig arbeitende Staubsauger, bis hin zu Androiden, also anthropoiden (menschenähnlichen) Robotern. Ihre unterschiedlichen Fortbewegungstechniken ermöglichen ihnen ein Fortkommen in den verschiedensten Umgebungen: Rollen und Räder sind für den Einsatz in ebenen Flächen, sechs-, vier- und zweibeinige Modelle für den Einsatz in unebenem Gelände und zum Treppensteigen bestens geeignet.

❗ Roboter und Androiden

Roboter sind stationäre oder mobile Maschinen, die nach einem bestimmten Programm festgelegte Aufgaben erfüllen. Den Begriff „Roboter" prägten Josef (1887–1945) und Karel Čapek (1890–1938) Anfang des 20. Jh. durch ihre Science-Fiction-Literatur. Das Wort „Roboter" leitet sich vom Slawischen „robot" ab, welches man mit „Arbeit" oder auch „Zwangsarbeit" übersetzen kann. Heute bezeichnet man einen menschenähnlichen Roboter als Androiden. Dieser Begriff hat seinen Ursprung im griechischen Wort „andrós", welches für „Mann" bzw. „menschenförmig" steht.

Fortbewegungsformen an Land

Tausendfüßler

Unter den Landlebewesen finden sich die unterschiedlichsten Fortbewegungsarten. Auch die Anzahl der zur Bewegung notwendigen Extremitäten variiert stark. Es gibt Tausendfüßler, Acht- und Sechsbeiner (vorwiegend Insekten) sowie Vier- (meistens Säugetiere) und Zweibeiner (Menschen, Vögel). Dabei gilt die Regel: Je weniger Beine, desto schwieriger ist es, das Gleichgewicht zu halten. Das sieht man allein daran, dass vierbeinige Tiere oft schon Stunden nach ihrer Geburt laufen können; der Mensch benötigt dazu ca. ein Jahr.

Zieht man um die Füße eines Lebewesens einen Umkreis, so erhält man eine ovale Fläche. Bei einem Vierbeiner ist diese Standfläche relativ groß; bei einem Zweibeiner eher klein. Für einen stabilen Stand muss sich der Schwerpunkt über dieser von den Füßen aufgespannten Fläche befinden. Der Schwerpunkt liegt beim Menschen im Bauchraum. Beim Gehen hebt sich ein Bein vom Boden, während sich der Schwerpunkt nach vorn verlagert. Das vordere Bein muss den Körper bei jedem Schritt auffangen. Vierbeiner setzen ihre Beine nacheinander in einem für die jeweilige Gangart typischen Muster auf. Die Reihenfolge der bewegten Beine bleibt jedoch stets gleich: hinten links, vorne links, hinten rechts, vorne rechts. Bei den zwei grundlegenden Gangarten, Passgang und Kreuzgang, unterscheiden sich die zeitlichen Abstände zwischen den Bodenkontakten. Im Passgang folgen die Bewegungen der Vorder- und Hinterbein der gleichen Körperseite sehr schnell aufeinander, während sich beim Kreuzgang das Vorder- und Hinterbein der gegenüberliegenden Körperseiten (z. B. linkes Vorder- und rechtes Hinterbein) schnell nacheinander bewegen. Während beim Gehen immer mindestens ein Bein am Boden bleibt, kommt es beim schnellen Laufen zu Flugphasen ohne Kontakt zum Untergrund.

Insekten laufen dadurch stabil, dass sie jeweils zwei Beine auf einer Seite anheben und eines auf der anderen Seite am Boden halten. Insekten sind in unebenem Gelände besonders wendig.

! Hüpfen wie ein Känguru

Der PowerSkip, ein Fitness- bzw. Freizeitgerät, ist dem Hüpfen eines Kängurus nachempfunden. Der Sprungschuh besteht aus einer Blattfeder, mit der man seine Sprungenergie optimal nutzen kann: Sprünge bis zu zwei Meter Höhe und vier Meter Weite sind damit möglich.

Steuerprinzip nach Art der Stabheuschrecke

Die Stabheuschrecke ähnelt in ihrem Aussehen einem Zweig. So

! Gangart: Passgang und Kreuzgang

Den Passgang nutzen viele Vier- und Mehrbeiner. Es ist im Grunde eine abwechselnde Bewegung zwischen dem rechten und dem linken Beinpaar. Bei manchen Pferderassen (z. B. Isländer) ist diese Gangart eine Besonderheit; für viele Säugetiere ist es die überwiegend genutzte Fortbewegungsart (z. B. bei Giraffen, Kamelen oder Elefanten). Beim Kreuzgang hebt das Tier die diagonal liegenden Beine fast gleichzeitig vom Boden ab. Je nachdem wie die Beine am Rumpf befestigt sind, ergibt sich eine schlängelnde (z. B. bei Echsen) Fortbewegung oder eine lockere Geh- bzw. Laufbewegung (z. B. bei Geparden). In Abhängigkeit von der Geschwindigkeit unterschiedet man beim Kreuzgang zwischen Schritt, Trab und Galopp.

Bewegung einer Eidechse

Stabheuschrecke

tarnt sie sich geschickt vor Fressfeinden. Das Besondere an diesem Insekt ist, dass die Bewegungen seiner Beine nicht vom Gehirn gesteuert werden. Stattdessen findet ein Informationsaustausch zwischen den Beinen der jeweiligen Seite statt. Das vordere Bein gibt seine Informationen an das mittlere und dieses an das hintere weiter. Stößt das vordere Bein auf ein Hindernis, so „lernt" das hintere Bein vom vorderen. Man spricht in diesem Fall von einer dezentralen Steuerung. Das Ganze funktioniert über sechs unabhängige Nervenzellen pro Bein, die ihre Informationen untereinander austauschen. Diese funktionelle Eigenart macht die Stabheuschrecke zu einem idealen Studienobjekt für die Optimierung der Steuereinheiten von Laufmaschinen. Lauron 2, der Laufende Roboter, verfügt über eine solche Steuerung.

Gelenke nach dem Vorbild der Springspinne

Robotergreifer, die man in der Industrie einsetzt, besitzen meist starre, schwere Arme. Zur Verbesserung dieser Technik nahmen sich Thüringer Forscher das Bein der Springspinne zum Vorbild. Springspinnen fangen ihre Beute mittels Luftattacken über riesige Sprungweiten. Die schnelle Bewegung erzielen diese Spinnen jedoch nicht über Muskeln. Stattdessen pumpen sie blitzschnell Flüssigkeit in ihre Beine, wodurch die Streckung erfolgt. Die Übertragung dieses Prinzips erfolgte mithilfe von Pressluft, die dem Spinnenbeingreifer zur Bewegung verhilft. Der Greifer ist mit einem Kunststoffschlauch unterschiedlicher Dicke ausgestattet. Presst man nun Luft hinein, so wirken die dünnen Abschnitte der Wände wie Gelenke. Sie verdicken sich zu Blasen, ähnlich einer Kaugummiblase. Über die Luftmenge steuert man die Bewegungsstärke des Greifers.

Anthropobionik

Ziel der Bionik ist es, dem Menschen zu dienen. Aus der Lehre vom Menschen und seiner Entstehung, der Anthropologie, und der Bionik entstand der Begriff der Anthropobionik. Diese Forschungsrichtung teilt sich in drei Gebiete:

1. Maschinen sollen menschengerecht gestaltet sein. Dieser Aufgabe geht man in der Arbeitswissenschaft (Ergonomie) nach. Ein Beispiel sind bedienungsfreundlich gestaltete Cockpits in Verkehrsflugzeugen.

2. Maschinen sollen entwickelt werden, die nach dem Vorbild des Menschen Arbeiten verrichten (Robotik). Roboter übernehmen gefährliche Aufgaben oder dringen in Bereiche vor, die für den Menschen unerreichbar sind. Als Beispiele seien die robotergestützte Entschärfung von Bomben, der Einsatz in Krisengebieten oder die Erkundung ferner Planeten genannt.

3. Die biomedizinische Technik (auch Medizintechnik) bringt Maschinen hervor, die am oder im Menschen Einsatz finden und Kranken helfen, ein normales Leben zu führen. Hierzu zählen einerseits neuartige Diagnosemethoden, Bio-Materialien, wie z. B. Fäden, die sich von selbst auflösen, und Prothesen.

Der bekannte japanische Mensch-Roboter „ASIMO" ist ein Beispiel dafür, wie weit die Menschheit noch von der Nachbildung der Natur entfernt ist. Der astronau-

ASIMO

tenähnliche Androide kann zwar schon tanzen und Treppen steigen, doch seine Bewegungen sind insgesamt sehr langsam; er besitzt keine Eigendynamik. Diese Maschine zeigt deutlich, dass ein einfaches Nachbauen der menschlichen Gestalt bei Weitem nicht ausreicht, damit eine Maschine nicht nur so aussieht wie ein Mensch, sondern auch so funktioniert.

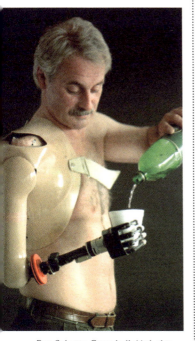

Der Schotte Campbell Aird, der als erster Mensch mit einer bionischen Armprothese lebt, gießt sich Wasser in eine Tasse, die er mit den Fingern der Prothese hält

Prothesen

Eine Prothese ist ein technischer Ersatz für Gliedmaßen, Organe oder Organteile durch künstlich geschaffene, funktionell ähnliche Produkte. Zu den Prothesen zählen auch Zahn- und Ohrmuschelimplantate. Während die ersten Prothesen kaum Funktionen des ursprünglichen Organs oder Körperteils ersetzten (man denke an Glasaugen), ermöglichen heute mikroprozessorgesteuerte Arm- oder Beinprothesen komplexe Bewegungsabläufe. Die Grenzen zur Neurobionik sind fließend. Wissenschaftler arbeiten an Techniken, die das Gehirn mit den Prothesen verbinden sollen, um so geschmeidige und natürliche Bewegungen zu erreichen. Doch auch gesunde Menschen profitieren von künstlichen Körperhilfen. So sollen künftig z. B. Roboteranzüge Menschen bei der Verrichtung körperlicher Arbeiten unterstützen.

? Schon gewusst?

Die ersten Prothesen für Gliedmaßen gab es schon 2000 v. Chr. in Ägypten. Im Mittelalter verwendete man Prothesen aus Holz oder Eisen. Für die vielen verstümmelten Opfer des Ersten und Zweiten Weltkriegs entwickelte man die ersten modernen Prothesen, die auch einfache Bewegungen ermöglichten.

Konstruktions- und Baubionik: Verfahrenstechnik und Architektur

Einer der größten Unterschiede zwischen biologischen und technischen Konstruktionen ist die Reaktion auf Belastungen. Lebewesen sind in der Lage, auf mechanische Belastungen zu reagieren, indem sie z. B. Material nachträglich produzieren oder kleinere Verletzungen selbst reparieren. Technische Geräte oder Maschinen verschleißen mit der Zeit durch die ständige mechanische Beanspruchung. In der Technik muss man solche Bauteile aufwendig reparieren oder ganz austauschen. Aus dem Zusammenhang von Form und Funktion natürlicher Bauweisen kann man noch viel lernen. Sowohl die Natur als auch die Architektur verfolgen das gleiche Ziel, nämlich bei minimalem Material- und Energieeinsatz die größtmögliche Stabilität zu erreichen. Im Gegensatz zu natürlichen Bauweisen sind technische Bauwerke und Geräte oft lediglich auf eine Funktion hin optimiert. Natürliche Konstruktionen hingegen sind meist auf die gleichzeitige Erfüllung mehrerer Funktionen ausgelegt. Beispiele sind Vogelflügel, die dem Auftrieb und Vortrieb dienen, oder Pflanzenstängel, die eine gute mechanische Stabilität (z. B. Widerstand gegen Wind) aufweisen und zusätzlich Transport- und Speicherfunktionen übernehmen. Sie erreichen diese Multifunktionalität durch ihre individuellen Strukturen, welche das Ergebnis einer optimalen Kombination von eingesetztem Material und einer ausgefeilten Form sind.

Sonnensegel des Sony Centers in Berlin

> **! Struktur**
>
> Eine Struktur besteht aus einem bestimmten Material und besitzt eine spezifische Form, die u. a. dazu dient, mechanischen Belastungen standzuhalten. So können aus dem gleichen Material durch variable Materialmengen und Formgebungen unterschiedliche Strukturen entstehen.
> Struktur = Material + Form

Struktur der Baumrinde

Baumaterialien und ihre Struktureigenschaften

Als Material bezeichnet man einen Stoff, der sich aus einheitlichen Teilen zusammensetzt. So besteht z. B. Kochsalz mit der chemischen Formel NaCl – in reinster Form – aus einheitlichen NaCl-Molekülbausteinen, die sich periodisch im Kristallgitter anordnen. Diese Bausteine erstrecken sich über die gesamte Ausdehnung des Salzkristalls. In der Materialwissenschaft unterscheidet man Materialien neben ihrer stofflichen Zusammensetzung zusätzlich nach ihren jeweiligen Bearbeitungs- und Gebrauchseigenschaften. Einige Beispiele sind Glas, Metall, Beton, Papier, Kohle, Salze und Gase. Baumaterialien dienen zur Errichtung von Bauwerken und Gebäuden oder zur Herstellung von Baustoffen und Bauteilen. So stellt man aus Kalk das Baumaterial Zement her. Zement wiederum ist ein Bestandteil des Baustoffs Beton. Aus Beton fertigt man Bauteile, die man zum Bau eines Gebäudes nutzt.

Doch nicht alle Materialien bestehen aus nur einem einheitlichen (homogenen) Stoff. Es gibt auch inhomogene Materialien, die sich aus unterschiedlichen Materialien zusammensetzen. Ein Beispiel aus der Natur sind Zähne. Sie bestehen aus Zahnschmelz, Zahnzement und Dentin.

Bei den Eigenschaften von Materialien unterscheidet man zwischen isotrop und anisotrop. Isotrope Materialien sind einheitlich aufgebaut; sie besitzen dieselben Eigenschaften in alle Raumrichtungen. Ein Gummiball oder eine Stahlkugel sind solche homogenen, isotropen Materialien. Anisotrope Materialien setzen sich aus unterschiedlichen Stoffen zusammen;

sie sind inhomogen. Die resultierenden Eigenschaften variieren in Abhängigkeit von der Raumrichtung. Die meisten biologischen Strukturen, wie z. B. Holz, Knochen oder Fingernägel, sind inhomogen und anisotrop. Sie erfahren im Alltag ungleichmäßige mechanische Belastungen, auf welche sie individuell reagieren.

Anisotropes Baumaterial: Holz

Verbundmaterialien

Während Pflanzen und Tiere nie aus nur einem Material bestehen, verwendet man in der Technik häufig nur ein einziges Material für ein bestimmtes Bauteil. Die meist erheblich teureren Verbundmaterialien, die aus verschiedenen Materialien bestehen, verfügen über kombinierte Eigenschaften, welche sonst nur selten nebeneinander auftreten. So kann man z. B. bei geringem Gewicht eine hohe Steifigkeit erreichen.

Genau diese beiden Eigenschaften ermöglichen es dem Perlboot (Nautilus), in große Tiefen zu tauchen, ohne dass der mit der Wassertiefe ansteigende Wasserdruck den Kopffüßer samt seiner lediglich wenige Millimeter dicken Schale zerquetscht. Der Nautilus erreicht dies durch den speziellen Aufbau seiner Schale. Der Innenraum der Schale ist gekammert. Die einzelnen Kammern sind über den Sipho miteinander verbunden. Das Tier bewohnt lediglich die letzte, äußerste Kammer. Beim Tauchen flutet der Nautilus die Kammern nach und nach, wodurch er an Gewicht zunimmt und absinkt. Durch das Wasser im Gehäuse ist nunmehr der Druck-

> **! Materialwissenschaft**
>
> Die Materialwissenschaft ist eine interdisziplinäre Wissenschaft, die sich mit der Erforschung, d. h. der Herstellung, Charakterisierung und Verarbeitung von Materialien beschäftigt. Ein wesentliches Ziel der Materialwissenschaft ist die Aufklärung von Struktur-Eigenschafts-Beziehungen.

Meeresbewohner aus Perlmutt

unterschied zwischen innen und außen nicht mehr so hoch, sodass die Schale weniger Belastung erfährt. Die Kammerwände verstärken zusätzlich die Außenschale. Doch der Nautilus verfügt über eine weitere Besonderheit: Seine Schale besteht zu einem Großteil aus dem natürlichen Verbundstoff Perlmutt, welches ausgesprochen leicht ist und gleichzeitig eine extreme Festigkeit besitzt. Perlmutt besteht hauptsächlich aus Kalk sowie geringen Mengen Eiweiß und Chitin. Gegenüber Kalk verfügt Perlmutt jedoch über eine 3000-mal höhere Festigkeit. Das glänzende Perlmutt ist auf mikroskopischer Ebene aus vielen kleinen Kalkplättchen aufgebaut, die in eine Matrix aus Eiweiß und Chitin eingebettet sind. Übt man eine Kraft (Druck) auf eine Perlmuttfläche aus, so bilden sich keine Risse, sondern die Kalkplättchen weichen in der nachgiebigen Eiweiß- und Chitinschicht auseinander. Diese Schicht ist weich und dehnbar; sie nimmt die einwirkenden Kräfte auf und verteilt diese auf die gesamte Fläche. Dieser Effekt sorgt für die hohe Festigkeit des Perlmutts. Ein einheitliches Material hingegen, wie z. B. eine Plexiglasscheibe, bildet bei Druckeinwirkung (Biegung) Risse und zerbricht anschließend recht schnell. Das technische Pendant zu Perlmutt sind Glasfaser- oder Kohlenstofffaserverstärkte Kunststoffe (GFK bzw. CFK). Diese Faserkunststoffverbunde bestehen aus Glas- bzw. Kohlenstofffasern, die man in eine Kunststoffmasse (z. B. Kunstharz) einbettet. Verwendung finden die Faserverbundstoffe in der Luft- und Raumfahrt, im Flugzeugbau, in der Schifffahrt, im Brückenbau sowie in Windkraftanlagen. Im Bauwesen verwendet man faserverstärkte Verbundstoffe bereits seit knapp 20 Jahren. Sie korrodieren nicht, sind ausgesprochen leicht und einfach in der Handhabung. In der Natur ist Perlmutt nicht der einzige existierende Verbundstoff. Holz ist z. B. ebenfalls einer. Während Perlmutt feste und weiche Stoffe miteinander kombiniert, verbindet Holz zug- und druckfeste Substanzen miteinander. Das technische Gegenstück zu Holz ist das Verbundmaterial Stahlbeton, bei dem man gerippten oder profilierten Rundstahl in die Schalung eines Bauteils einbetoniert. Beton hat

Schon gewusst?

Die Steifigkeit bezeichnet den Widerstand eines Materials gegen Verformung. Die Festigkeit hingegen bezieht sich auf die maximale Belastbarkeit eines Materials, bevor es versagt.

Perlboot (Nautilus)

Das Perlboot oder der Nautilus ist ein urtümlicher Tintenfisch. Der Nautilus ist ein Kopffüßer. Diese Tiergruppe verfügt über einen Körper, der sich aus einem Rumpfteil, einem Kopfteil mit anhängenden Armen (woher der Name der Kopffüßer rührt) und der Mantelhöhle zusammensetzt. Die Schale des Nautilus ähnelt einem Schneckenhaus. Die heute lebenden Nautilusarten kommen im westlichen Pazifik und in einigen Bereichen des Indischen Ozeans vor. Sie ernähren sich vor allem von Krebsen und Thunfischen und können bis zu 600 Meter tief tauchen.

im Vergleich zu seiner hohen Druckfestigkeit eine nur geringe Zugfestigkeit. Stahl hingegen weist eine hohe Zugfestigkeit auf. Die Natur setzt Material so sparsam wie möglich ein. Deshalb kommen feste Materialien ausschließlich dort vor, wo hohe Spannungen herrschen. Eine optimale Anpassung an die Spannungsbedingungen in biologischem Gewebe stellt der allmähliche Materialübergang (Gradient) dar. Diese graduellen Übergänge auf zellulärer Ebene sind verantwortlich für die besonders biegsamen und gleichzeitig festen Struktureigenschaften natürlicher Materialien.

 Schon gewusst?

Das Wort „Fiberglas" ist ein Anglizismus, der aus dem englischen Begriff „fiberglass" bzw. „fibreglass" für Glasfaser entstanden ist.

Wabenstrukturen: stabil und leicht

Leichtbauweise ist in der Natur ein häufiges Ergebnis der Umsetzung des Prinzips „minimaler Materialaufwand bei gleichzeitiger maximaler Stabilität". Biologische Strukturen (Material plus Form) müssen stabil und haltbar sein sowie Druck- und Zugkräften standhalten. Bienen schaffen mit ihren Wabenstrukturen Behausungen, die extrem stabil sind, Hitze und Kälte aushalten sowie verformungsresistent gegen Belastungen durch z. B. das Gewicht der Bienen sind. Bei Belastung verteilt sich die Spannung über die vielen Wabenwände und wirkt somit nicht punktuell. Gleiches gilt z. B. für den Panzer einer Schildkröte. Einwirkende Druckkräfte leitet ihr aus Sechsecken aufgebauter Schutzschild optimal ab. Er ist deshalb äußerst belastbar. Gleichzeitig ist der Schildkrötenpanzer extrem leicht.

Panzerschildkröte

Das zugrunde liegende Prinzip der hexagonalen Strukturbildung ist genau genommen kein mechanisches, sondern ein thermodynamisches. Wirkt von außen z. B. Druck auf einen dünnwandigen Blechzylinder ein, so muss der Körper auf die Druckkräfte reagieren. Diese Reaktion erfolgt nach dem Prinzip der Energieminimierung. Der Körper versucht auf materialschonende Weise, dem Druck auszuweichen, indem er eine neue Form bildet. Man bezeichnet den vorliegenden Prozess als Selbstorganisation des Materials.

Die sechseckigen Wabenstrukturen in Bienenstöcken sind das Ergebnis der Kombination des „intelligenten" Werkstoffs Wachs mit dem Verhalten der Bienen. Denn eigentlich bauen die Bienen ihre Waben rund. Erst durch das Aufheizen des Wachses auf etwa 45 Grad Celsius nehmen die Waben ihre sechseckige Form an.

Diese Selbstorganisation nutzt man technisch, um dünnwandige Materialien in ihren Eigenschaften zu verbessern. Die Oberfläche und damit die Oberflächeneigenschaften des Materials bleiben bei dem Verformungsprozess erhalten. Durch den Einsatz von Überdruck auf dünnwandige Materialien erreicht man selbstorganisierte, mehrdimensionale Strukturen mit hoher Formsteifigkeit und niedrigem Gewicht. Die technischen Anwendungsmöglichkeiten sind äußerst vielfältig und reichen von strukturierten Ziegelsteinen über Waschmaschinentrommeln und Leuchtmittel bis hin zu Reifenstrukturen. So besitzen z. B. Backsteine mit einer Wabenstruktur die gleiche Stabilität wie nicht strukturierte Steine. Gleichzeitig sind sie jedoch viel leichter. Da die gewölbte Struktur der Wäschetrommel die Strömungseigenschaften verändert, entsteht ein

Wasserfilm, auf dem die Wäsche sanft entlanggleitet. Damit erfährt die Wäsche eine viel schonendere Behandlung. Gleichzeitig ist der Waschprozess effektiver, was den Waschgang verkürzt und somit Energie spart. Leuchtmittel mit strukturierten Innenflächen brechen die Lichtwellen und sorgen so für ein warmes, weiches und angenehmes Licht. Reflektoren aus z. B. Aluminium sorgen für eine optimale Lichtausbeute und erzielen eine gleichmäßige Beleuchtung. Ein weiteres Einsatzgebiet für Wölbstrukturen stellen Verpackungsmaterialien dar. So lassen sich mit geringem Aufwand große Mengen an Material bei der Produktion von z. B. Konservendosen und PET-Flaschen einsparen. Die Hersteller arbeiten derzeit an der Optimierung der Griffigkeit.

Schalenstrukturen als Vorbild für stabile und leichte Autofelgen

Forscher des Alfred-Wegener-Instituts für Polar- und Meeresforschung nahmen die Schalenstrukturen von Kieselalgen zum Vorbild zur Entwicklung einer Autofelge. Die Felge verfügt über eine gute Straßenlage durch hohe Stabilität bei gleichzeitig geringem Gewicht. Das Geheimnis der Leichtbauweise liegt in den ineinandergreifenden Schalen der Kieselalgen begründet. Ihr Panzer besitzt Rippen, Waben und Poren.

Bei mikromechanischen Belastungstests hielten die Schalen 700 Tonnen pro Quadratmeter aus. Einen Prototyp der bionischen Felge aus faserverstärktem Kunststoff konnte man 2005 auf der Bundesgartenschau (BUGA) in München begutachten. Bislang existieren für Kunststofffelgen jedoch keine etablierten Prüfverfahren des TÜV, weshalb bislang keine Kunststofffelgen am Markt erhältlich sind.

Auch Computergehäuse könnten von den Algenstrukturen profitieren. So soll eine Vielzahl an Poren für eine bessere Belüftung sorgen. Die Gehäuse bieten darüber hinaus eine hohe Stabilität bei geringem Gewicht.

? Schon gewusst?

Algen spielen u. a. für das Weltklima eine bedeutende Rolle. Kieselalgen (Diatomeen) sind für etwa ein Viertel der weltweit über Fotosynthese produzierten pflanzlichen Biomasse verantwortlich. Sie stellen einen wesentlichen Anteil an der Basis der Nahrungspyramide dar. Kalkalgen bilden große Mengen an Kalken im Meer und beeinflussen dadurch die Chemie der Weltmeere. Somit bestimmen sie, wie viel Treibhausgas (Kohlenstoffdioxid) vom Meerwasser aufgenommen werden kann.

Spinnenseide: stabil und elastisch

Spinnennetz

Spinnenseide ist eine einzigartige Naturfaser. Sie ist zehnmal dünner als ein menschliches Haar, 20-mal fester als Stahl und gleichzeitig elastischer als Gummi. Künstliche Fasern wie z. B. Nylon oder Kevlar sind entweder stabil oder elastisch. Spinnen produzieren bis zu sieben verschiedene Seidenarten. Sie spinnen je nach Bedarf Seidenfäden von unterschiedlicher Festigkeit. So besteht z. B. ein Haltefaden aus mehreren Einzelsträngen, was die hohe Reißfestigkeit erklärt. Für ihre Netze hingegen verwenden Spinnen Fäden mit einer anderen inneren Struktur, die optimal auf das Einfangen von im Flug befindlichen Insekten ausgerichtet ist. Ihre hohe Stabilität erreichen die dünnen Spinnenfäden durch lange Eiweißketten (Seidenproteine), die zunächst in einer unstrukturierten Trägermasse liegen. Erst beim Spinnprozess verbinden sich die kristallinen Proteine zu fadenförmigen Strukturen mit der jeweiligen Festigkeitsstufe. Anwendungsgebiete für künstliche Spinnenseide sind z. B. Fallschirme, kugelsichere Westen, Motorradschutzbekleidung und feuerfeste Stoffe. In der Medizin denkt man z. B. an künstliche Nerven und Sehen. Einige Forscher versuchen, Spinnenseide auf synthetischem Wege zu erzeugen, und nutzen dazu die Methoden der Gentechnik: Mithilfe von Viren kann man Gene, die für die Seidenproduktion verantwortlich sind, in andere Zellen einschleusen. Diese produzieren dann Spinnenseide in großer Menge. Bei dem Seidenprodukt handelt es sich in diesem Fall jedoch nicht um einen Faden, sondern um eine Rohmasse. Hieraus einen brauchbaren Faden zu spinnen, stellt sich noch als problematisch dar. Ähnlich endete der Versuch, Ziegen so zu manipulieren, dass sie seidenhaltige Milch geben. Auch hier besteht das noch ungelöste Problem, aus der Milch einen Faden zu spinnen.

Relativ neu ist die Erfindung einer „Kurbelmaschine", mit der man Spinnen ihr kostbares Produkt abzapft. Die natürliche Spinnenseide wollen Wissenschaftler wegen ihrer antibakteriellen Wirkung zur Reparatur von gerissenen Nerven der Extremitäten oder im Gesicht einsetzen. Spinnenseide könnte so die begrenzten Ressourcen körpereigener Transplantate ergänzen.

Eine weitere Eigenschaft der Spinnenseide ist ihre Wasserbeständigkeit. Die Fäden sind ummantelt von Zuckermolekülen, welche die Feuchtigkeit aufnehmen. Künstliche Fasern nach dem Vorbild der Spinnenseide wären somit ebenfalls ideal geeignet für wasserdichte Bekleidungsstücke und Stoffe im Outdoor-Bereich. Im Gegensatz zu Kunstfasern besticht die Produktion von synthetischer Spinnenseide durch ihre Umweltfreundlichkeit, denn die Spinnenseidenfäden sind vollständig biologisch abbaubar.

! Kevlar

Kevlar besitzt auf sein Gewicht bezogen die größte spezifische Zugfestigkeit von allen im Handel erhältlichen Kunstfasern. Die Fasern verfügen neben der sehr hohen Festigkeit auch über eine große Hitze- und Feuerbeständigkeit. Kevlar ist ein Markenname und gehört chemisch zu den Aramiden (aromatische Polyamide).

Selbstreparatur

Alle Lebewesen verfügen über Mechanismen zur Selbstreparatur. Auch Pflanzen setzen eine Art Schnellreparatur bei Verletzungen ein. So entstehen z. B. während des Wachstums der Liane, einem Klettergewächs, ständig Risse in der Außenschicht. Flüssigkeitsgefüllte Zellen aus einer inneren Schicht füllen diese feinen Risse immer wieder auf. Sie quellen quasi in die Wunde und verschließen sie so. Unter dem Mikroskop erinnern diese Zellen an Schäume, weshalb man für technische Zwecke einen entsprechenden Schaum entwickelte.

Der Nagel durchbohrt den Reifen

Eine erste technische Anwendung stellt der „Protectis"-Reifen des französischen Reifenherstellers Kleber, einer Michelin-Tochter, dar. Dieser Reifen ist in der Lage, Löcher mit einem Durchmesser von bis zu 4,7 Millimetern von selbst zu verschließen. Die Selbstreparatur gelingt durch eine im Innern des Reifens liegende Schutzschicht aus hochelastischen Polymeren. Dringt z. B. ein

Nagel in den Reifen ein, umschließt ihn diese Schicht und verhindert so einen Druckverlust. Diese Schicht verkittet ebenfalls das Loch, das nach Entfernen des Nagels entsteht.

Eine etwas andere Art der Selbstreparatur stellen selbstschärfende Messer nach dem Vorbild der Nagezähne von Ratten dar. Rattenzähne bestehen aus dem weichen Zahnbein (Dentin). Auf der Vorderseite sind die Zähne mit einer harten Schicht aus Zahnschmelz überzogen. Das Dentin reibt sich bevorzugt beim Nagen ab, wodurch stets eine messerscharfe Schmelzkante vorsteht. In der Technik verwendet man einen Grundkörper aus einer Metalllegierung. Auf die gewölbte Außenkante bringt man eine harte Keramikschicht auf. Ein Beispiel ist das von Forschern des Fraunhofer Instituts für Umwelt-, Sicherheits- und Energietechnik im Jahr 2005 entwickelte permanent scharfe Messer für Kunststoff-Schneidmühlen. Der zähe Grundkörper besteht hier aus einer Legierung von Wolframcarbid und Kobalt. Die Außenseite ist gewölbt und mit einer glatten, etwa doppelt so harten Keramikschicht bedeckt, die im Wesentlichen aus Titannitrid besteht. Damit die dünne Schicht beim Schneiden nicht vom Grundkörper abplatzt, härtet man die Oberfläche und erhöht somit die Verbundwirkung zwischen den beiden Werkstoffen. Ist der Grundkörper verbraucht, so muss man ihn natürlich erneuern. Doch die Natur liefert auch im Bereich der Verschleißtechnik brauchbare Ideen. So ist der in der Wüste lebende Sandfisch, eine Echsenart, Forschungsobjekt an der Technischen Universität Berlin zum Thema Verschleiß.

Sandfisch

Sandfische verfügen über winzige Grate auf ihren Schuppen. Die mechanische Belastung, die durch ein Sandkorn entsteht, verteilt sich auf mehrere Grate und verhindert so, dass der einzelne Grat abbricht und damit abnutzt. Reibung tritt bei fast allen technisch genutzten Materialien auf und sorgt immer für Verschleiß. Eine Übertragung der abnutzungsresistenten Eigenschaft der Sandfischhaut auf technische Oberflächen brächte eine Verschleißreduzierung und damit eine Erhöhung der Lebensdauer.

? Schon gewusst?

Je schärfer eine Klinge, desto feiner kann man das Material zerkleinern und desto weniger Energie benötigt man dazu.

Verfahrensbionik

Die Verfahrensbionik analysiert die Steuerung und den Ablauf komplexer biologischer Prozesse und sucht nach Übertragungsmöglichkeiten in die Technik. Ein Teilgebiet beschäftigt sich mit dem fast vollständigen Recycling von Abfällen. Die Natur liefert das beste Beispiel für wirkungsvolle Recyclingprozesse. Sämtliche Produktionsprozesse, wie z. B. Wachstum oder Fotosynthese, sind äußerst energieeffizient ausgelegt und nutzen den höchstmöglichen Wirkungsgrad. Bionische Anwendungsgebiete sind u. a. die Material- und Produktentwicklung, die Klimatechnik sowie die Verpackungsindustrie. Ziel der Verfahrensbionik ist der Einklang wirtschaftlicher Produkte mit der Natur durch umweltverträgliche Herstellungs- und energiesparende Recyclingverfahren.

Bauteil-optimierung

Die stetig wachsenden Anforderungen des Marktes an die Qualität fordern eine kontinuierliche Verbesserung der Produkte. Bauteile sollen über ein geringes Gewicht verfügen und gleichzeitig hinsichtlich auftretender Spannungen optimal ausgelegt sein. Mechanische Spannungen treten überall dort auf, wo Kräfte auf einen Körper wirken. Zieht man z. B. an einem befestigten Seil, so erzeugt man eine Zugspannung. Drückt man einen Gegenstand, wie z. B. ein Stück Knetgummi, zusammen, so wirken Druckspannungen. In der Natur trifft man selten auf nur eine dieser Spannungsarten. Biegt man z. B. ein Plastiklineal an beiden Enden nach unten, so erzeugt man sowohl Zug- als auch Druckspannungen. Durch den Zug nach unten entstehen auf der Oberseite des Lineals Zugspannungen; auf der Unterseite staucht sich das Material, wodurch Druckspannungen auftreten. Im Innern des Lineals sind die Spannungen ungleichmäßig verteilt. Die Zugspannung im Linealquerschnitt nimmt von oben zur Mitte hin ab. In der Mitte des Lineals existieren keinerlei Spannungen. Nach unten hin steigt die Druckspannung an. Demnach genügt es, wenn an den Außenseiten ausreichend Material zur Kompensation der auftretenden Spannungen vorhanden ist. Aus diesem Grund können Werkstoffe ggf. im Innern hohl sein. Um die Reaktion eines Materials unter mechanischer Belastung darzustellen, trägt man die Längenänderung und die Spannung in einem sogenannten Spannungs-Dehnungs-Diagramm ein. Die Längenänderung für feste Körper mit linearem, elastischem Verformungsverhalten bestimmt das hookesche Gesetz. Hiernach stehen Belastung und Längenänderung in einem festen Verhältnis zueinander, d. h. die Belastung ist proportional zur Längenänderung. Als Beispiel sei ein an einer Stahlfeder hängendes Gewicht genannt. Je schwerer das Gewicht, desto mehr zieht es die Stahlfeder in die Länge. Die Steigung des ersten linearen Abschnitts in einem Spannungs-Dehnungs-Diagramm nennt man Elastizitätsmodul (E-Modul). Die Einheit des Elastizitätsmoduls ist Newton pro Quadratmeter. Der Elastizitätsmodul ist eine wichtige Kenngröße in den Materialwissenschaften. Hohe Werte kennzeichnen ein steifes und niedrige ein weiches Material. Doch Vorsicht: Ein steifes Material kann durchaus eine geringe Festigkeit besitzen, weil es z. B. spröde ist. Ein Beispiel hierfür stellt Zuckerguss dar. Umgekehrt kann ein weiches Material wie z. B. Leder über eine hohe Festigkeit verfügen.

Methode der Zugdreiecke

Die Methode der Zugdreiecke ist eine grafische Methode zur Optimierung von Bauteilen. An Kerbformen entstehen hohe Kerbspannungen. An diesen Stellen bilden sich bevorzugt Risse, die schließlich zum Versagen des Bauteils, also zum Bruch, führen. Der Optimierungsprozess fußt auf natürlichen Vorbildern: Dornen, Sta-

! Ausgewählte Materialien und ihre Elastizität

Material	Elastizitätsmodul [kN/mm^2]
Holz (parallel zur Faser)	9–16
Holz (quer zur Faser)	0,6–1
Beton	ca. 50
Glas	50–90
Kupfer	124

Dornen gehen mit einer runden Kante in den Ast über

cheln oder eine Bärenkralle sind stets rundlich und brechen deshalb nicht so leicht wie scharfe Kanten.

Um aus einer eckigen Kante eine runde zu erzeugen, wendet man die Methode der Zugdreiecke an: Hierzu überbrückt man mit einem (gedachten) Seil die rechtwinklige Kerbe. Es entstehen so zwei 45-Grad-Winkel an den beiden Seiten des Bauteils. In der Mitte der Korrekturlinie setzt nun ein neues Seil an. Diesmal mit einem Winkel von 22,5 Grad. Diesen Vorgang wiederholt man ein weiteres Mal und erhält einen Winkel von 11,25 Grad. Der nächste Winkel ist also immer halb so groß wie der vorherige. Die entstehende Fläche zwischen den (gedachten) Seilen und dem Bauteil füllt man letztlich mit Material auf. Nach diesem Prozess weist die optimierte Bauteilform praktisch keine

? Schon gewusst?

Die mechanische Spannung ist definiert als Kraft pro Fläche. Einen Sonderfall der mechanischen Spannung stellen Kerbspannungen dar. Sie treten an Ecken und Kanten auf. Dort wirken dann große Kräfte auf eine kleine Fläche, woraus hohe Spannungen resultieren. Kerbspannungen sind die häufigsten Ursachen für das Versagen eines Bauteils.

Spannungsspitzen mehr auf. Den Beweis hierfür liefern computergestützte Spannungsberechnungen mit sogenannten Finite-Element-Programmen. Dabei stellt man die Spannungswerte in unterschiedlichen Farben dar. Rot kennzeichnet standardmäßig die höchsten Spannungen und Blau die geringsten.

Vom Wachstum der Bäume lernen

Bäume wachsen in Konkurrenz um Licht manchmal in sehr große Höhen. So erreichen Mammutbäume Höhen von über 100 Metern. Dem Lichtvorteil gegenüber stehen die hohen mechanischen Belastungen durch den Wind, denen die Bäume ausgesetzt sind. Bei Sturm brechen Äste ab oder der ganze Baum wird entwurzelt. Um dem entgegenzuwirken passen sich Bäume in ihrem Wachstum den Belastungen dynamisch an. Man bezeichnet dieses Verhalten als adaptives Wachstum. Eine der Wachstumsregeln lautet: Der Stamm wächst unten am breitesten und verjüngt sich nach oben hin zunehmend. Denn wäre der Baumstamm überall gleich dick, so würde er unten abbrechen, da der untere Stamm, auf dem das gesamte Gewicht des Baumes lastet, selbst geringen Windböen nicht standhalten könnte.

Weht der Wind häufig aus einer Richtung, passt sich der Baum in

Schief gewachsener Baum

seiner Wuchsform diesen Bedingungen an und wächst in Windrichtung schief. Um bruchgefährdete Stellen zu verstärken, lagern Bäume in diesen Bereichen mehr Material an. Sie folgen dabei dem einfachen Gesetz: viel Material, wo hohe Spannungen wirken, und wenig Material, wo geringe Spannungen herrschen. Die Auswirkungen dieses Gesetzes kann man sehr gut an abgebrochenen Ästen beobachten. Betrachtet man große Äste im Querschnitt, so ist ihre Form oval oder ähnelt der Form einer Acht. Die Astform entsteht dadurch, dass die Spannungen an der Ober- und Unterseite des Astes besonders hoch sind. Daher lagert der Baum dort mehr Material an. In der Mitte des Astes sind die Spannungen gering; hier wächst der Ast weniger stark. Der Baum versucht durch das Wachstum, die angreifenden Spannungen abzubauen bzw. gleichmäßig über seine Oberfläche zu verteilen, um eine höhere Stabilität zu erreichen. Dieses sekundäre Dickenwachstum beschreibt das Axiom konstanter Spannungen: Feste Gewebe, wie z. B. Holz, wachsen an den Stellen verstärkt, an denen die Spannungen am höchsten sind. Dieses Prinzip stellte Claus Mattheck (geb. 1947) im Rahmen seiner Arbeit am Forschungszentrum Karlsruhe zur Beurteilung der Standfestigkeit von Bäumen fest. Er entwickelte basierend auf dieser Grundlage eine Methode zur Sichtkontrolle, das „Visual Tree Assessment" (VTA), welches Förster bei der Ermittlung des Gesundheitszustands von Bäumen unterstützt. In der Technik spiegelt sich das Axiom konstanter Spannungen u. a. in Doppel-T-Trägern.

Bei der Entwicklung neuer Bauteile entsteht heutzutage immer ein virtueller Entwurf am Computer. Für die Optimierung nutzt man die Computer Aided Optimization (CAO) -Methode. Dies ist ein von Claus Mattheck und seinem Team entwickeltes Computerprogramm zur Bauteiloptimierung nach dem Vorbild des Baumwachstums. Das Programm simuliert das adaptive Wachstum, d. h. der Computer berechnet die Form eines Bauteils nach den Wachstumsregeln von Bäumen. Damit man das Bauteil am Computer wachsen lassen kann, muss man die später auf das

Bauteil wirkenden Kräfte kennen. Der Computer berechnet dann, wie diese Kräfte auf das Bauteil wirken und lagert dort, wo hohe Spannungen auftreten, Material an. Durch diese Methode erhält man ein langlebigeres Bauteil.

 Schon gewusst?

Ein Axiom ist ein grundlegender Lehrsatz, der ohne Beweis einleuchtet.

Wie Knochen wachsen

Knochen von Menschen und Tieren wachsen ähnlich wie Bäume. Das Gewicht des Organismus spielt beim Knochenwachstum eine wichtige Rolle. Natürlich müssen die Knochen so stabil sein, dass sie das Gewicht des Körpers tragen können. Gleichzeitig muss das Knochenskelett aber auch leicht sein, damit sich das Lebewesen entsprechend seiner Lebensweise fortbewegen kann. Schwere Knochen verlangsamen die Fortbewegung. So ist ein leichter Knochenbau für Fluchttiere, wie z. B. Gazellen, lebenswichtig, um vor einem Raubtier zu fliehen. Dafür brechen die Knochen der Gazellen relativ leicht. Da Knochen aus lebendigem Gewebe bestehen, passen sie sich den Belastungen dynamisch an. Belastet man seine Knochen wenig, so baut der Körper Knochengewebe ab. Dies geschieht z. B. bei Astronauten, die sich in der Schwerelosigkeit befinden. Bei ihrer Rückkehr zur Erde trägt man sie aus der Raumkapsel, damit sie sich bei den ersten Schritten nicht gleich die Beine brechen. Denn während ihres Aufenthalts im Weltraum erfolgt ein Knochenabbau und das Skelett kann das Gewicht des Astronauten auf der Erde unter Wirkung der Schwerkraft nicht mehr tragen. Grund für den Knochenabbau ist, dass der Körper unter den herrschenden Bedingungen durch den Materialabbau Energie einspart. Knochen verfügen demnach über die beiden Eigenschaften „leicht" und „stabil". In der Technik wünscht man sich genau diese Eigenschaften für Autos oder Flugzeuge. Denn je leichter sie sind, desto mehr Treibstoff spart man ein. Mit der CAO-Methode erreicht man eine höhere Festigkeit für Bauteile. Doch da man bei dieser Methode Material zum Spannungsausgleich anlagert, nimmt das Bauteil an Gewicht zu. Um dieses Defizit auszugleichen, setzt man vor der CAO-Berechnung eine zweite Methode ein, die Soft Kill Option (SKO). Hierbei entfernt man die wenig belasteten Abschnitte eines Bauteils, um dessen Gewicht zu verringern.

Erfolgreich anwenden konnte man die beiden Computermodelle z. B. bei der Optimierung von orthopädischen Schrauben. Diese setzt man bei Knochenbrüchen an Gelenken oder zur Stabilisierung der Wirbelsäule ein. Die orthopädischen Schrauben unterliegen hohen Belastungen, weshalb sie gelegentlich brechen und eine zweite Operation mit dickeren Schrauben notwendig machen. Mithilfe der CAO-Methode erzielt man eine verbesserte Form des Gewindes. Die kleinen optimierten Schauben sind somit stabiler und halten länger.

Ein weiterer Anwendungsbereich ist die Automobilindustrie. Hier wendete man die SKO- und CAO-Methode zur Optimierung des Motorhalters des Opel Vectra an. Durch stabilere und gleichzeitig leichtere Automobilbauteile spart man entsprechende Mengen an Treibstoff ein.

Bionische Architektur

Menschen wie Tiere benötigen Behausungen zum Schutz vor Wind und Wetter, als Zufluchtsort und Vorratskammer. Die ersten Menschen nutzten Höhlen und später das Baumaterial, welches ihnen die Natur in der jeweiligen Umgebung zur Verfügung stellte. So entstanden Hütten, Zelte, Iglus. Die Art und Weise des Bauens hängt stark vom Klima, den Lichtverhältnissen und den vorhandenen Baumaterialien ab. Zudem sind die Bauweisen stets eng verknüpft mit dem kulturellen und religiösen Leben. Auch die Ästhetik spielt eine wichtige Rolle. Biologische Formen verbindet man ebenfalls häufig mit einer ansprechenden Ästhetik, weshalb Bauten nach biologischen Vorbildern recht beliebt sind. Doch nicht alles ist Bionik, was so aussieht. Das Opernhaus von Sydney beispielsweise erinnert stark an die Form von Muscheln. Doch der dänische Architekt Jörn Utzon (geb. 1918) hat nie behauptet, seine Inspiration entstamme der Natur. Eine echte bionische Architektur kopiert nicht allein das äußere Erscheinungsbild, sondern überträgt die Bauprinzipien der Natur auf Gebäude.

Palmblatt

So erhalten z. B. Palmblätter ihre Form aus einer Kombination von Rippenstruktur und Faltung. Dadurch sind sie sehr leicht und trotzdem äußerst stabil. Die Übertragung dieses natürlichen Prinzips in die Architektur ist die Möglichkeit der Überspannung großer Räume ohne Zwischenstützen. So beruhen z. B. gotische Kirchen auf Netzwerkkonstruktionen. Die architektonische Grundlage stellt ein Kreuzrippengewölbe dar. Die Endpunkte der Rippenbögen ruhen auf tragenden Pfeilern. Hierdurch entsteht ein weitläufiges Gerüst, welches die Schubkräfte aufnimmt.

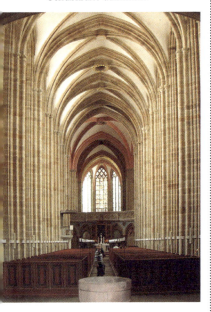

Kreuzrippengewölbe im Meißener Dom

Ein weiteres Beispiel betrifft dünnwandige Hohlröhren, die sich nach dem Vorbild des Bambus durch ring- oder schraubenförmige Verdickungsleisten stabilisieren lassen. Bambushalme sind innen hohl; lediglich an den Knoten (Nodien), den Ansatzstellen der Blätter, sind sie massiv. Diese Verstärkungsknoten erhöhen die Knickfestigkeit des Rohrs. Aus der Mechanik ist bekannt, dass bei gleichem Materialanteil ein zylindrisches Rohr, verglichen mit einem Rundstab, die vierfache Biegesteifigkeit besitzt.

Riesenschachtelhalme, die bis zu drei Meter in die Höhe wachsen, setzen Pneustrukturen zur Stabilisierung ein. Der unter Druck stehende hohle Halm ist von einem Festigungsgewebe umschlossen. In der Technik bezeichnet ein Pneu eine Traglufthalle. Dabei bläst man über einer festen Bodenplatte eine elastische luftdichte Hülle auf. Über eine Druckschleuse betritt man die Halle, in der ein leichter Überdruck herrscht. Nachteil der Pneustrukturen ist ihre leichte Verletzlichkeit. Hier bedarf es noch Lösungen zu Selbstreparaturmechanismen.

Eine wichtige Voraussetzung für erfolgreiche bionische Baukunst ist die Einbeziehung menschlicher Verhaltensweisen. So entstehen unerwünschte Trampelpfade in Grünanlagen, weil die angelegten Wege unzweckmäßig sind. Daneben spielen heute der Umweltaspekt und die optische sowie die funktionale Anpassung an die Umgebung eine große Rolle in der Architektur.

 Schon gewusst?

Traglufthallen setzt man häufig für Radarkuppeln (Radom) ein. Sie sind preiswert und schnell aufgebaut, weshalb man sie u. a. gerne als provisorische Lager-, Messe- oder Sporthallen verwendet.

Vision Bionik Tower

Für das ausgehende 21. Jh. erwartet man für den asiatischen Raum eine regelrechte Bevölkerungsexplosion und damit einhergehend eine enorme Raumnot. Allein für Schanghai liegen Prognosen über einen Anstieg der Einwohnerzahl auf bis zu 30 Millionen Menschen vor. Deshalb soll in Schanghai eine „vertikale Stadt" entstehen. Der Bionik Tower soll mit 1228 Metern Höhe erstmals die Kilometergrenze durchbrechen. Die 300 Stockwerke bieten Platz für etwa 100.000 Menschen, die hier leben und arbeiten sollen. 200 Meter tiefe Betonwurzeln verankern den zigarrenförmigen Turm auf dem Boden eines künstlichen Sees. Die ringförmigen Strukturen dienen der Stabilisation, und der See soll im Falle eines Erdbebens Schockwellen abfangen. Rund um den Bionik Tower, der dem Bauprinzip eines Baumes folgt, sollen kleinere Hochhäuser entstehen und einen Businesspark mit eigenem Transportnetz aus Autobahn- und Bahntrassen bilden. Der Hochhausgigant selber ist in zwölf Blöcke unterteilt, die aus je 25 Stockwerken bestehen. Für jeden Block sind Hotels, Wohnungen, Geschäfte und Grünanlagen geplant. Zwischen den einzelnen Blocks fügt man je eine feuerfeste Zwischendecke ein, um einem möglichen Feuerinferno vorzubeugen. Für die Frischluftzufuhr sorgen spezielle Klappen in der Glas-Aluminium-Ummantelung des Gebäudes. Die Baukosten sind bei einer geplanten Bauzeit von etwa 15 Jahren mit rund 15 Milliarden Dollar veranschlagt.

Aufgrund architektonischer Probleme gelingt es bislang lediglich, Gebäude (z. B. Sendemasten und Funktürme) von maximal 700 Metern zu errichten. Denn mit der zunehmenden Gebäudehöhe steigen die horizontalen Lasten enorm an. Das kolossale Eigengewicht birgt die Gefahr einer Bodenverformung, was zu Instabilitäten führen kann. Winde beeinträchtigen ebenfalls die Gebäudestabilität – ganz zu schweigen von der Zerstörungskraft möglicher Erdbeben.

Als Vorbild für bionische Wolkenkratzer dient die Konstruktionsweise eines Baumes mit seinem Stammquerschnitt, den Zellstrukturen und der Beschattung des

Blätterwerks. Ein Entwurf für einen Bionik Tower mit 108 Stockwerken reduziert bei gleicher Raumhöhe und gleicher Geschosszahl die Gesamthöhe beträchtlich. Während ein konventionelles Hochhaus mit 108 Stockwerken eine Höhe von rund 500 Metern erfordert, wäre der „Bionik Tower 108" rund 100 Meter niedriger. Dies würde eine Materialeinsparung für den Bau und eine Reduzierung des Energieverbrauchs für das gesamte Gebäude bedeuten.

Wolkenkratzer

Taipeh 101

Während ein Hochhaus mindestens 12 Stockwerke oder eine Höhe von etwa 30 Metern aufweist, bezeichnet man Wohn- und Bürohäuser ab einer Höhe von 150 Metern als Wolkenkratzer (Skyscraper). Mit 508 Metern Höhe und 101 Etagen ist momentan der „Taipei 101" in Taipeh (Taiwan) der höchste Wolkenkratzer weltweit. Derzeit befindet sich der „Burj Dubai" im Bau. Er entsteht im Dubaier Stadtteil Downtown Dubai und soll bis zum Jahr 2009 fertiggestellt werden. Die genaue Höhe hält man noch geheim, doch sie soll angeblich zwischen 705 und 1011 Metern liegen.

 Schon gewusst?

Der Sendemast des Langwellensenders Konstantynów (Polen) mit einer absoluten Höhe von 646,38 Metern stürzte am 10. August 1991 ein. Er war das höchste je von Menschen errichtete Bauwerk. Der KVLY-Mast in Fargo (USA) stellt mit 628,6 Metern das zurzeit höchste Bauwerk der Erde dar.

Klimabionik
Die Natur nutzt erfolgreich Prinzipien zur Temperaturregulierung, Belüftung und Beleuchtung von Bauten. Die Klimabionik beschäftigt sich mit der Kühlung und Heizung sowie der Belüftung von Gebäuden. Hierzu analysiert man neben Tierbauten u. a. primitive menschliche Behausungen in Bezug auf ihre Ausrichtung zu Sonne und Wind, Dachformen, Unterkellerung oder gar die Verle-

gung des Wohnbereichs ins Erdreich. So senkten nordamerikanische Indianer ihre Häuser zur Kälteisolation ins Erdreich ab und überdachten diese mit Baumstämmen. Zwischen den Baumstämmen häuften sie Gras und Erde auf. In der Mitte des Hauses bohrten sie zum Lichteinfall und Rauchabzug ein Loch in die Decke. Ähnliche unterirdische Wohnungen findet man in Wüstengebieten, um in diesem Fall die Kühle des Untergrunds zu nutzen.

Lehmbauten in einem Pueblo in Mexiko

Einer der ältesten Baustoffe für Häuser ist Lehm, da er leicht zu verarbeiten ist und eine angenehme Kühle im Rauminnern erzeugt. Lehm besitzt ein hohes Wärme- und Feuchtigkeitsspeicherungsvermögen, weshalb Lehmbauten ausgleichend auf Temperatur und Luftfeuchtigkeit wirken. Eine ähnliche natürliche Klimaanlage erhält man z. B. durch den Einsatz von Kalksandstein. Im Sommer nimmt dieses Material den Wärmeüberschuss auf; im Winter speichert es die Wärme.

Mittels der Klimabionik versucht man auch, sparsam mit Energie umzugehen sowie alternative Energiequellen nutzbar zu machen. Ziel sind effiziente Energiespar- bzw. Niedrigenergiehäuser. Vorbild für eine effektive Wärmespeicherung sind z. B. die in gut 3000 Metern Höhe lebenden Glasschnecken (Vitrinidae). Sie besitzen durchscheinende Schneckenhäuser und nutzen den Treibhauseffekt, ähnlich dem in einem Gewächshaus oder Wintergarten, um sich aufzuheizen. Eine äußerst innovative Bauweise stellt der „Arabian Tower" (Burj Al Arab) in Dubai dar. Ein Teil der Außenhülle des Luxushotels, das einem traditionellen arabischen Schiff nachempfunden ist, besteht aus einem flexiblen Glasfasergewebe. Die Membran schließt die offene Seite des v-förmigen Grundrisses, wodurch ein licht- und luftdurchflossenes, klimatisch angenehmes Atrium entsteht.

Burj Al Arab

! Moderne Erdhäuser

Eine Beispiel für moderne Niedrigenergiehäuser sind mit Erde und Gras bedeckte Erdhäuser. Die Erdhaus-Wohnanlage in der Nähe von Zürich gleicht einer Hügellandschaft, in der sich erst auf den zweiten Blick die modernen Tiefbauten offenbaren.

? Schon gewusst?

Als Atrium bezeichnete man in der römischen Architektur einen zentralen Raum in einem Wohnhaus. Es ist ein (rechteckiger) Innenraum in der Mitte des Hauses, von dem aus man die umliegenden Räume betritt. Das Atrium diente vorrangig als Aufenthaltsraum für die Familie.

Natürliche Mechanismen zur Temperaturregulation

Um in den verschiedenen Klimazonen der Erde zu überleben, müssen sich Tiere vor Überhitzung oder Erfrieren schützen. Dazu müssen sie in der Lage sein, bei Hitze Wärme abzugeben und bei Kälte ihre Körpertemperatur stabil zu halten. Die Evolution brachte im Laufe der Zeit wechselwarme und gleichwarme Tiere hervor.

Wechselwarme (poikilotherme) Tiere, wie z. B. Fische, Lurche und Kriechtiere, fallen in die Winterstarre, wenn die Außentemperatur einen kritischen Wert unterschreitet. Gleichwarme (homoiotherme) Tiere, Säugetiere und Vögel, halten häufig Winterschlaf bzw. Winterruhe, um Energie zu sparen. Der Wärmeaustausch mit der Umgebung erfolgt stets über die Körperoberfläche. Eine spezielle Anpassung der homoiothermen Tiere beschreibt die bergmannsche Regel: Bei steigendem Körpervolumen (Produktionsstätte der Körperwärme) verringert sich relativ zu diesem die Körperoberfläche (Ort der Wärmeabstrahlung). Anders ausgedrückt ist das Verhältnis von Körperoberfläche zu Körpervolumen bei größeren Individuen gegenüber kleineren Vertretern der gleichen Gattung deutlich geringer. Demnach verlieren größere Tiere vergleichsweise weniger Energie (Wärme) als ihre kleineren Artgenossen. Größere Individuen sind deshalb besonders gut für das Leben in kälteren Regionen geeignet; kleinere kommen in der Regel besser mit Hitze klar. Gut zu beobachten ist diese Regel bei Pinguinarten, die unterschiedliche Klimazonen besiedeln: Der große Kaiserpinguin lebt in den nördlichen Polargebieten, während der Zwergpinguin in Neuseeland anzutreffen ist. Eine weitere temperaturabhängige Gesetzmäßigkeit stellt die allensche Regel dar: Individuen, die in kälteren Regionen leben, besitzen im Vergleich zu Individuen der gleichen Gattung in wärmeren Gebieten kürzere Extremitäten. Bei niedrigen Temperaturen ist eine möglichst geringe Oberfläche günstig, um wenig Wärme zu verlieren. Anders herum können Tiere mit einer relativ großen Oberfläche bei Hitze Wärme leicht abgeben. So leben z. B. Wüstenfüchse mit relativ langen Beinen und großen Ohren in der subtropischen Zone. Polarfüchse mit relativ kurzen Beinen und kleinen Ohren hingegen in der arktischen Zone. Rotfüchse besiedeln die gemäßigte Zone und besitzen mittellange Beine und mittelgroße Ohren.

Temperaturregulierend wirkt u. a. auch die unterschiedliche Verteilung von Fettpolstern. Robben benötigen eine dicke isolierende Fettschicht gegen die Kälte am ganzen Körper. Kamele dagegen tragen ihr Fett als Überlebensreserve in den Höckern auf dem Rücken, wo es wärmeabweisend wirkt und das Kamel vor Überhitzung schützt.

Während man Blätter selbst bei großer Hitze anfassen kann, verbrennt man sich an technischen Geräten, wenn diese heiß sind. Das liegt daran, dass grüne Blätter sich nur bis zu einer bestimmten Temperatur aufheizen. Hierzu

nutzen sie zum einen den Kühlmechanismus der Wasserverdunstung und zum anderen absorbieren sie nur den Teil des Lichts, der von dem grünen Pflanzenfarbstoff Chlorophyll aufgenommen wird. Die restliche Strahlung reflektieren die Blätter ganz einfach. Grüne Pflanzen richten ihre Blätter nach der Sonne aus. Wird es zu heiß, so entziehen sie sich zusätzlich der Sonneneinstrahlung durch Zusammenfalten oder Einrollen ihrer Blätter.

Eisbären-Dämmung

Viele Lebensformen, die in der Kälte beheimatet sind, wie z. B. Edelweiß oder Eisbär, schützen sich mit weißen Haaren. Die Haare des Eisbärenfells sind eigentlich gar nicht weiß, sondern farblos. Der weiße Farbeindruck entsteht immer dann, wenn ein Gegenstand das sichtbare Licht vollständig reflektiert, d. h. wenn die Materialoberfläche sämtliche im sichtbaren Licht enthaltenen Wellenlängen gleichermaßen streut. Das Licht durchdringt damit die dicke Fellschicht des Eisbären und erzeugt so Wärme auf der Haut. Die Eisbärenhaare sind nicht glatt, sondern stark gekräuselt. Hierdurch entstehen im dichten Haargeflecht viele kleine Luftpolster, die isolierend wirken, da Luft ein schlechter Wärmeleiter ist. Somit entweicht bei Tieren mit Fell generell nur wenig Wärme an die Umgebung. Darüber hinaus fungiert das Fell des Eisbären als Lichtleiter. Die Haare sind innen hohl und für Strahlung durchlässig, sodass die wärmenden Lichtstrahlen durch die hohlen Haarkanäle (ähnlich einer Glasfaser) direkt bis auf die Haut des Bären vordringen. Die Bärenhaut selbst ist schwarz, was für eine ausgezeichnete Absorptionsfähigkeit sorgt.

In der Bautechnik verwendet man ebenfalls transparente Wärmedämmmaterialien. So setzt man Dämmmaterial nach dem Vorbild der Eisbärenhaare bereits technisch in der solaren Architektur ein. Es handelt sich dabei um Fas-sadenelemente mit einer lichtdurchlässigen Kapillarplatte und einem transparenten Glasputz. Fällt Sonnenlicht mit einem kleinen Einfallswinkel auf die Fassade, erfolgt eine nur geringe Reflexion. Den größeren Strahlanteil absorbiert das Material. Bei hohen

! Makellos weiß durch Lichtreflexion

Ein in Südostasien vorkommender weißer Käfer, der Cyphochilus, versteckt sich vor Fressfeinden zwischen weißen Pilzen. Um richtig weiß zu sein, reichen die gängigen Färbemechanismen, wie z. B. die Pigmentierung, nicht aus. Deshalb reflektieren die hauchdünnen Panzerschuppen das einfallende sichtbare Licht vollständig. Die Schuppen bestehen aus einem Geflecht feiner Fasern, den Filamenten. Die Anordnung der Filamente ist hochgradig ungeordnet. Durch diese zufällige Anordnung der Fasern wird das einfallende Licht mehrfach hin- und herreflektiert, sodass letztlich alle Wellenlängen des sichtbaren Lichts gestreut werden und der Käfer somit rein weiß erscheint. Ein blendendes Weiß für z. B. Zähne ist somit durch das Aufbringen einer nanostrukturierten Zusatzschicht nach diesem photonischen Effekt denkbar.

? Schon gewusst?

Milch wirkt erst durch die Lichtstreuung weiß. Verdünnt man Milch, so erscheint sie bläulich. Das zugrunde liegende Prinzip hierfür ist ebenfalls für die Himmelsbläue verantwortlich. Das Sonnenlicht enthält alle sichtbaren Farben. Während das Licht die Erdatmosphäre durchdringt, reflektieren die Teilchen der Luft in besonderem Maße das kurzwellige blaue Licht. Die weiße Farbe der Milch ist ebenfalls die Konsequenz der Lichtstreuung. Bei Milch streuen die winzigen Fetttröpfchen ebenfalls den blauen Lichtanteil besonders stark.

Einfallswinkeln hingegen gelangt nur relativ wenig Wärmestrahlung in das Gebäude. Somit ist das Gebäudeinnere im Winter warm und im Sommer angenehm kühl. Selbst Sonnenkollektoren profitieren von dieser Technik. Das Isolationsmaterial der Wasserrohre sorgt dafür, dass die gespeicherte Wärme lange erhalten bleibt.

Die Textilindustrie ist ebenfalls an hohlen Kunstfasern interessiert. Solche lichtdurchlässigen Textilien setzt man heute bereits in Thermoschlafsäcken für extreme Temperaturen ein. Doch die Natur hat zwei in der Technik noch bestehende Probleme einfach gelöst: Zum einen verschmutzt das Eisbärenfell nicht, da die Tiere sich sauber machen. Schmutz beeinträchtigt den Lichtleiteffekt erheblich. Zum anderen erfährt das Eisbärenfell keine Abnutzung; es wächst einfach nach.

Prinzip der Passivlüftung

Viele Insektenvölker perfektionierten im Verlauf ihrer Entwicklungsgeschichte klimatechnische Lösungen für ihre Wohnbauten. So erreichen die Säulennester afrikanischer Termiten Höhen von bis zu acht Metern. Unterhalb der Bodenoberfläche errichten sie einen mehrere Meter tiefen „Keller" – wahre Riesenbauten, die an die Klimatisierung hohe Anforderungen stellen. Denn die Millionen Termiten produzieren eine enorme Wärme. Die Rippenstruktur der Termitenhügel wirkt dem entgegen. Die gesamte Bauweise ermöglicht zusätzlich eine optimale Luftzirkulation. Der Termitenbau lässt sich grob in Keller, Nest, Königinnenkammer und Dom unterteilen. Die Außenwände sind mit Kanälen durchzogen. Kleine Öffnungen in den Kanälen sorgen für die Frischluftzufuhr. Die Bauten sind so ausgerichtet, dass je nach Tageszeit und Sonnenstand die Luft vom Keller in den Dom strömt oder umgekehrt. Eine australische Termitenart baut von Norden nach Süden ausgerichtete Nester, die keine runde Form, sondern dünne, hohe Wände besitzen. Sinn dieser Bauart ist der Erhalt einer konstanten Innentemperatur. Geht die Sonne morgens im Osten auf, tankt das Nest

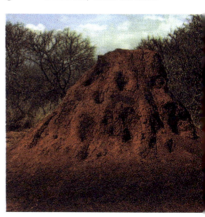

Termitenbau

über die bestrahlte große Oberfläche Wärme. Mittags, wenn die Sonne senkrecht am Himmel steht, bietet das Nest der Strahlung eine minimale Oberfläche und es erhitzt sich nicht weiter. Am Abend bescheint die Sonne aus Richtung Westen wieder eine große Fläche. Die Bauweise ist damit optimal den starken Temperaturschwankungen zwischen Tag und Nacht angepasst.

In Wüstengebieten kommt der Unterkellerung der Termitenbauten ein besonderer Nutzen zu. Die unterirdischen Schächte reichen dabei viele Meter tief bis zum Grundwasserniveau. Wind, der über den Termitenhügel streift, erzeugt einen Unterdruck, wodurch die Verdunstungskühle in den Termitenbau hinaufzieht.

❗ Termiten

Termiten nennt man auch „Unglückshafte" oder „Weiße Ameisen". Sie gehören zu den Fluginsekten, wobei Termiten näher mit Fangheuschrecken oder Schaben verwandt sind als mit Ameisen, Bienen und Wespen. Termiten sind zwischen zwei und 20 Millimeter lang. Die Staaten der Termiten verfügen unter allen Staaten bildenden Insekten über die größte Individuenzahl. So bestehen einige Staaten aus bis zu drei Millionen Tieren.

❓ Schon gewusst?

Technische Kühlrippen bestehen aus einem Wärme leitenden Metall, welches der effizienteren Wärmeableitung dient. Die rippenförmige Gestaltung ermöglicht wegen der größeren Oberfläche im Vergleich zu ebenen Flächen einen besseren Wärmeaustausch.

Dasselbe Prinzip nutzen z. B. Präriehunde. Einer der Ausgänge ihrer unterirdischen Bauten ist kaminartig erhöht, während alle anderen Ausgänge niedriger liegen. Hierdurch belüftet der Wind das Höhlensystem auf ganz natürliche Weise.

Ein traditionelles iranisches Architekturelement ist der Badgir (Windfänger, Windturm), der ebenfalls den Druckunterschied zur Belüftung von Gebäuden ausnutzt. Ein Windstoß an der Spitze des Turmes erzeugt einen Sog, der die warme Luft aus dem Gebäude saugt.

❓ Schon gewusst?

Der Windfang von Dowlat-abad in Yazd (Iran) ist einer der höchsten Windfänger. Kleinere Windfänger, die man hauptsächlich zur Verzierung moderner Gebäude einsetzt, nennt man Shish-Khan.

100

Sensorbionik: Reize und Informationsverarbeitung

Unter Sensorik versteht man die Gesamtheit aller Sinnesorgane von Lebewesen. Die Sinnesorgane nehmen die Reize der Umgebung auf und leiten sie zur Verarbeitung weiter. Der Mensch ist in der Lage, folgende Reize aufzunehmen: visuelle (Seh- bzw. Gesichtssinn), akustische (Hörsinn), haptische (Tastsinn), olfaktorische (Geruchssinn), gustatorische (Geschmackssinn), Wärme bzw. Kälte (Temperatursinn), Position im Raum (Gleichgewichtssinn). Hinzu kommen noch die Tiefensensibilität und das Schmerzempfinden.

Bei Tieren findet man noch weitere Sinne, wie z. B. die Fähigkeit zur Wahrnehmung des Erdmagnetfelds. So nutzen u. a. Blindmäuse, Haustauben, Zugvögel, Meeresschildkröten, Haie und wahrscheinlich Wale das Erdmagnetfeld zur Orientierung. Diese Tiere besitzen in verschiedenen Organen (Schnabel, Auge, Nervenzellen) eingelagertes Magnetit, ein (ferri-) magnetisches Mineral, welches man auch zur Herstellung von Kompassnadeln verwendet.

Haustauben orientieren sich am Erdmagnetfeld

In der Technik setzt man Sensoren zur Messung und Kontrolle von Veränderungen biologischer oder technischer Systeme ein. Ein Sensor (Messfühler) ist ein technisches Bauteil, welches z. B. Temperatur, Feuchtigkeit, Druck, Schall, Helligkeit oder Beschleunigung sowie chemische Stoffe erfasst. Das zugehörige Messgerät verarbeitet bzw. wertet die detektierten Daten aus.

Die Sensorbionik untersucht somit die Mechanismen zur Aufnahme, Weiterleitung, Speicherung und Verarbeitung von chemischen und physikalischen Reizen (Informationen). Hierzu zählt man ebenfalls die Fähigkeiten zur Ortung und Orientierung. Das Teil-

? Schon gewusst?

Das menschliche Sinnesorgan des Tastsinns ist die Haut, die sehr viele Funktionen übernimmt. So ist sie Ausscheidungsorgan und Wärmeregulator (Schweiß), Wasser- und Fettspeicher, Signalgeber (Erröten, Erblassen), Schutzschild gegen äußere Einwirkungen (Eindringen von Erregern, Strahlenschutz) und sie enthält Sinneszellen, die auf Wärme, Kälte, Druck, Berührung und Schmerz reagieren. An der Körperoberfläche liegen etwa 30.000 Wärmepunkte, 250.000 Kältepunkte und 640.000 Tastpunkte. Diese reizempfindlichen Stellen sind ungleichmäßig über die Haut verteilt. Die meisten Wärme- und Kältepunkte befinden sich im Gesicht und am Rumpf; die meisten Tastpunkte an den Fingerkuppen. Die Schmerzpunkte erreichen eine Dichte von ca. 200 Stück pro Quadratzentimeter; die Druckpunkte liegen bei etwa 100 Stück pro Quadratzentimeter.

! Tiefensensibilität

Als Tiefensensibilität oder Tiefenwahrnehmung bezeichnet man die Eigenwahrnehmung des Körpers. Hierzu zählen beim Mensch der Lage-, Kraft- (Anspannungszustand von Muskeln und Sehnen) und Bewegungssinn sowie die Wahrnehmung der inneren Organe.

gebiet der Neurobionik beschäftigt sich mit der Funktion und Arbeitsweise von Neuronen und dem Nervensystem als Ganzem, um die Ergebnisse auf elektronische Informationssysteme (z. B. neuronale Netze) zu übertragen.

Sinnesstärken von Mensch und Tier im Vergleich

Die meisten Tiere nutzen die gleichen Sinne wie der Mensch – allerdings häufig mit einem stärkeren oder schwächer ausgeprägten Wahrnehmungsvermögen. Zudem besitzen viele Arten zusätzliche Sinne, wie z. B. den Magnet-, Elektro-, Strömungs- oder Wärme- bzw. Infrarotsinn. Menschen hingegen nehmen ihre Umwelt hauptsächlich über den Seh- bzw. Gesichtssinn wahr. Dies ist der beim Menschen am stärksten ausgebildete Sinn. Fällt das Sinnesorgan Auge aus, wie es bei blinden Menschen der Fall ist, kommt den verbleibenden Sinnen – insbesondere dem Hör- und Tastsinn – eine größere Bedeutung zu.

Der Mensch erfasst das sichtbare Licht, welches den Wellenlängenbereich von etwa 400 bis 750 Nanometer umfasst und den Farben des Regenbogens von Violett bis Rot entspricht. Einige Klapperschlagen hingegen sind in der Lage, kurzwelliges infrarotes Licht (IR- bzw. Wärmestrahlung) mit Wellenlängen von mehr als 750 Nanometern über ein spezielles Organ, das Grubenorgan, wahrzunehmen. Bienen wiederum sehen das langwellige ultraviolette (UV-) Licht, also Wellenlängen unterhalb von etwa 400 Nanometern. Hierdurch erkennen sie die UV-Muster von nektarreichen Blütenpflanzen.

Bienen sehen die UV-Farbe nektarreicher Blüten

Katzen verfügen über ein hervorragendes räumliches Sehvermögen. Dafür können sie unterschiedliche Farben nur schlecht auseinanderhalten. Auch Hunde nehmen ihre Welt viel blasser als Menschen und in Gelb-, Grün- und Blautönen wahr. Die Facettenaugen von Insekten ermöglichen einen Rundumblick und Aale sehen zusätzlich mit ihrem Schwanz. Dazu verfügen sie über lichtempfindliche Zellen in ihrer Schwanzhaut, mit denen sie hell und dunkel unterscheiden können. Dies hilft ihnen zu erkennen, ob sie sich innerhalb oder außerhalb einer Höhle befinden.

Die Hörleistungen der Tiere variieren ebenso stark wie die Sehfähigkeiten. So nimmt ein Kind Schallwellen von etwa 20 bis 20.000 Hertz wahr. Mit zunehmendem Alter sinkt der hörbare Frequenzbereich bis auf ca. 12.000 Hertz ab. Am besten hören Menschen in einem Bereich von etwa 2000 bis 5000 Hertz. Während Fledermäuse einen viel höheren Frequenzbereich von ca. 1000 bis 120.000 Hertz registrieren, kommunizieren Elefanten via Infraschall über Distanzen von bis zu zehn Kilometer. Zum Hören bedarf es nicht immer Ohren. So nehmen z. B. Heuschrecken Schallwellen mit ihren Beinen wahr. Hierzu besitzen sie unterhalb der Kniegelenke Hörmemb-

> ! **Katzenaugen**

Katzen sind nachtaktiv und verfügen deshalb über eine reflektierende Schicht hinter der Netzhaut, wodurch schwache Lichtstrahlen verdoppelt werden und sich die Lichtausbeute erhöht. Nach diesem Prinzip funktionieren z. B. Rückstrahler. Es handelt sich dabei um flächenhafte Winkelreflektoren.

ranen, welche die Funktion des Trommelfells übernehmen.
Gleiches gilt für die Güte des Riechens: Die Hundenase ist wesentlich empfindlicher als die Nase des Menschen. Doch nicht alle Hunderassen können gleich gut riechen. So besitzt der Dackel etwa 125 Millionen Riechzellen, der Schäferhund rund 220 Millionen – der Mensch lediglich fünf Millionen. Doch auch Lachse besitzen einen ausgezeichneten Geruchssinn, mit dessen Hilfe sie zu ihrem Geburtsort viele Kilometer flussaufwärts zurück finden.

Reiz und Reflex

Lebewesen reagieren sowohl auf äußere (aus der Umwelt stammende) als auch auf innere (durch den Organismus selbst ausgelöste) Reize. Ein Reiz wie z. B. Wärme, Druck oder Schmerz ist eine äußere Einwirkung. In diesem Fall registrieren Sinneszellen der Haut den Reiz und leiten einen elektrischen Impuls an die nachgeschalteten Nervenzellen weiter. Die Nervenzelle ist die kleinste Baueinheit des Nervensystems. Nervenzellen dienen der Aufnahme, Verarbeitung und Weiterleitung von Reizen. Der Grundbauplan einer Nervenzelle besteht aus Dendriten, Zellkörper (Neuron bzw. Soma) und dem Axon (Nervenfaser). Die Dendriten nehmen die Reize aus ihrer Umgebung auf. Sie sind wie die Krone eines Baumes stark verästelt, damit sie möglichst viele Informationen registrieren können. Der Zellkörper wertet die Informationen aus und gibt ggf. Aktionspotenziale (elektrische Impulse) an das Axon weiter. Das

> ? **Schon gewusst?**

In der Botanik bezeichnet man Areale in Blumen, die ultraviolettes (UV-) Licht reflektieren oder absorbieren als UV-Male. Diese sind für das menschliche Auge unsichtbar, lassen sich jedoch mit Schwarzlicht (UV-Licht) sichtbar machen.

Ende des Axons ist wiederum verzweigt.

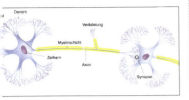

Nervenzelle

Die Endpunkte, die Synapsen, fungieren als Kontaktstellen zu anderen Zellen. Der elektrische Impuls wirkt auf die verschiedenen Synapsen am Axonende in unterschiedlichem Maße. Ist die synaptische Verbindung stark, so kommt es zu einer starken Erregung; ist die Verbindung schwach, erfolgt eine nur geringe oder sogar gar keine Reaktion. Die Erregungsübertragung auf angrenzende Zellen verläuft auf chemischem Wege. Der elektrische Impuls veranlasst die Synapse, einen chemischen Botenstoff (Neurotransmitter) auszuschütten. Dieser dient dem Rezeptor der Empfängerzelle als Reiz. Rezeptoren stellen nach dem Schlüssel-Schloss-Prinzip eine Bindungsstelle für bestimmte chemische Substanzen auf der Zelloberfläche dar. Dabei ist jeder Rezeptor auf einen einzigen speziellen Reizwirkstoff ausgelegt. Man unterscheidet u. a. zwischen mechanischen, chemischen sowie temperatur- und schmerzempfindlichen Rezeptortypen. Je nach der Stärke des eintreffenden Reizes erzeugt der Rezeptor ein Rezeptorpotenzial (elektrischen Impuls), welches die Zelle ab einer gewissen Reizschwelle in Form eines Aktionspotenzials an das Zentralnervensystem weiterleitet. Das Zentralnervensystem löst dann eine entsprechende Reaktion auf den äußeren Reiz aus. Im Fall eines Wärmereizes, ausgelöst durch die Berührung der Finger mit einer heißen Herdplatte, reagiert das System nach der Reizleitung und -auswertung mit dem Zurückziehen der Hand. Eine solche motorische Reaktion erfolgt in der Natur mit einer extrem hohen Geschwindigkeit. Menschliches und tierisches Verhalten ist somit eine Reaktion (Reflex) auf (Schlüssel-) Reize, wobei man zwischen angeborenem und erworbenem Verhalten unterscheidet. Angeborenes Verhalten hat sich im Verlauf der Stammesgeschichte entwickelt und ist in der Erbinformation verankert. Hierzu zählt beim Mensch u. a. der Saug-Schluck-Reflex eines Säuglings. Damit sichern angeborene Verhaltensweisen das Überleben. Man unterscheidet zwischen unbedingten Reflexen und Instinkthandlungen. Unbedingte Reflexe sind jederzeit auslösbar und treten bei allen Individuen einer Art in gleicher Weise auf. Beispiele für solche Reflexe sind z. B. Kniesehnen-, Lidschluss- und Hustenreflex. Gewis-

> ⚠ **Aktionspotenzial**
>
> Befindet sich das Axon in Ruhespannung (etwa 80 Millivolt), erfolgt keine Übermittlung von elektrischen Impulsen. Kommt es zu einer Erregung, so fällt die Spannung plötzlich ab. Diesen Spannungsabfall bezeichnet man als Aktionspotenzial. Die Impulsfrequenz verschlüsselt dabei die übertragene Information. Gegenüber dem Morsecode, bei dem man Buchstaben, Zahlen und Signale mit den drei Zeichen Punkt, Strich und Pause verschlüsselt, arbeitet das Nervensystem mit nur zwei Zeichen: dem Nervenimpuls und der Pause zwischen den Impulsen.

> ⚠ **Prägung**
>
>
>
> *Konrad Lorenz*
>
> Der Vater der Tierpsychologie oder besser der vergleichenden Verhaltensforschung ist Konrad Lorenz (1903–89). Er schuf den Begriff der Prägung, der einen obligatorischen (bindenden, verpflichtenden) Lernprozess innerhalb eines bestimmten Lebensabschnitts (sensible Phase) beschreibt. Mit dem klassischen Lorenzversuch machte sich Konrad Lorenz zur Ziehmutter frisch geschlüpfter Gänseküken. Gänse sind Nestflüchter mit einer charakteristischen Nachfolgeprägung. Die Küken lernen in den ersten Lebensstunden (zwischen 6 und 24 Stunden nach dem Schlüpfen) ihre Mutter kennen. Diese Verhaltensweise gewährleistet das sichere Erkennen der Mutter unter der Vielzahl der Vögel z. B. an einem See. Vogelküken folgen jeder „Mutter" nach, auf die sie geprägt sind, solange sie sich bewegt und Laute von sich gibt. In Experimenten folgten Küken sogar einem Fußball mit eingebautem Lautsprecher.

se Schlüsselreize lösen Instinkthandlungen (Reiz-Reaktions-Ketten) aus und bewirken eine ganze Folge von Bewegungen. Solche Reiz-Reaktions-Ketten bestimmen hauptsächlich das Nahrungs-, Fortpflanzungs- und Sozialverhalten. Hierzu zählt z. B. das Beutefangverhalten oder der Bau eines Spinnennetzes. Dem angeborenen Verhalten steht das erworbene Verhalten gegenüber. Es wird im Verlauf der Individualentwicklung erlernt und ermöglicht so eine Anpassung an spezielle Umweltbedingungen. Erfahrungen ermöglichen eine Veränderung der Verhaltensweisen, die damit äußerst flexibel und revidierbar sind. Das Erlernen dieser Verhaltensweisen geschieht auf unterschiedliche Weise. Die wichtigsten Lernformen sind Gewöhnung, Konditionierung (Wiederholung), Imitation (Nachahmung), Erkunden, einsichtiges Lernen und Lernen durch Erfahrung sowie die Prägung.

? Schon gewusst?

Das Wort „Dendrit" leitet sich vom griechischen Begriff „dendrites" ab, welcher sich mit „zum Baum gehörend" übersetzen lässt.
Der Begriff „Synapse" setzt sich aus der griechischen Silbe „syn" für „zusammen" und „haptein" für „ergreifen, fassen, tasten" zusammen.

Sonnencreme mit Quallenschutz

Jedes Jahr erleiden rund 150 Millionen Menschen Hautausschläge und Verbrennungen, die durch den Kontakt mit Quallen verursacht werden. Das Gift einiger dieser Nesseltiere kann Brechreiz, Atem- sowie Herz-Kreislauf-Beschwerden oder gar den Tod durch Herzversagen hervorrufen. Die meisten Quallen besitzen lange Fangarme, die mit Nesselzellen ausgestattet sind. Diese benutzen sie zum Fang von Beutetieren oder zur Verteidigung. Dabei erkennen die Nesseltiere, ob es sich bei der Berührung um einen eigenen Tentakel, einen Fressfeind oder ein Beutetier handelt. Nach der Beute/Feind-Identifikation platzt die Nesselkapsel im Innern der Nesselzelle mit einem Druck von etwa 150 bar auf und schießt einen Nesselfaden ab, der dem Opfer das lähmende Gift injiziert. Der Abschuss erfolgt in nur 0,003 Sekunden, was einer Beschleunigung von 0 auf 1400 Kilometer pro Stunde in einer Tausendstel Sekunde entspricht. Diese Reaktionsgeschwindigkeit zählt zu den schnellsten, die man bislang in der Natur beobachtet hat. Nachdem die Qualle auf diese Weise ihr Gift verbreitet hat, stößt sie die Nesselkapseln ab und bildet neue.

Israelische Forscher beobachteten, dass der Clownfisch sich inmitten giftiger Nesseltiere unbehelligt bewegt und sogar mit Seeanemonen in Symbiose lebt. Er legt seine Eier im Inneren der Anemonen ab und schützt diese im Gegenzug vor Fressfeinden.

Clownfisch mit Seeanemone

Die Wissenschaftler fanden heraus, dass der Körper des bunten Fisches mit einer Schutzschicht überzogen ist. Diese Außenhaut gaukelt den Nesseltieren vor, dass es sich bei Berührung des Fisches um einen eigenen Tentakel handelt. Es ist gelungen, den Wirkstoff zu isolieren und einen Zusatz für Sonnencremes zu entwickeln. Hierbei unterdrücken verschiedene Stoffe die Giftfreisetzung. Zunächst verhindert eine silikonartige Substanz den direkten Hautkontakt. Weitere Substanzen unterdrücken den Auslösemechanismus, hemmen die Signalweiterleitung und blockieren den Druckanstieg in den Nesselzellen. Die Sonnencreme mit integriertem Quallenschutz ist bereits in Apotheken erhältlich.

Schon gewusst?

Als Qualle oder Meduse bezeichnet man ein Lebensstadium von Nesseltieren. Quallen sind gallertartige Organismen, die zu rund 99 Prozent aus Wasser bestehen. Für die Namensgebung der Nesseltiere verantwortlich sind die typischen Nesselzellen. Sie enthalten Nesselkapseln, welche einen spiralförmig aufgewickelten Nesselfaden in ihrem Inneren beherbergen. Ein Berührungsreiz veranlasst das explosive Ausstoßen des giftigen Geschosses. Nach so einer Quallenattacke sollte man sich keinesfalls direkt unter die Süßwasserdusche stellen. Denn hierdurch platzen die noch auf der Haut haftenden Kapseln auf und entlassen ihr Gift. Man sollte sich zunächst mit Sand abreiben und erst dann unter die Dusche stellen. Besonders berüchtigt für ihre Giftigkeit sind Feuerquallen (z. B. Würfelqualle) und die australische Seewespe.

Sensoren nach dem Vorbild von Tasthaaren

Wie orientieren sich Meerestiere im trüben und dunklen Wasser? Dieser Frage ist man insbesondere am Beispiel von Seehunden nachgegangen. Sie verlassen sich nicht auf ihre Augen sondern hauptsächlich auf ihre Barthaare. Zu dem System der Seehund-Vibrissen (Sinus-, Tast- oder Schnurrhaare) zählen rund 100 Barthaare, welche jeweils mit mehr als 1500 Nerven durchzogen sind. Diese äußerst feinfühligen Tasthaare ermöglichen es den Seehunden, Wasserbewegungen von weniger

Seehund

als einem Tausendstelmillimeter wahrzunehmen. Seehunde orten bewegte Objekte, wie z. B. Fische, unter Wasser anhand der durch die Schwimmbewegungen des Fisches erzeugten Turbulenzen. Seehunde folgen damit quasi den Strömungsspuren.

Vibrissen bestehen aus dem gleichen Material wie alle anderen Haare, dem sogenannten Keratin. Sie besitzen selbst zwar keine Nerven, doch ihre Haarwurzeln sind in einen speziellen Haarbalg (Follikel) eingebettet. Der Haarbalg ist mit Blut gefüllt und in seiner Außenwand liegen zahlreiche freie Nervenenden. Wird ein Tasthaar berührt, biegt es sich und erzeugt im Haarbalg eine Bewegung des Blutes. Die Blutflüssigkeit dient als Trägersubstanz zur Verstärkung des aufgenommenen Reizes. So können die Tiere selbst minimale Reize registrieren. Bei einigen Säugetieren sind die Follikel der Tasthaare zusätzlich von Muskelgewebe umgeben, wodurch sie die Haare aktiv bewegen können, um ihre Umgebung zu erkunden. Manche Tiere, wie z. B. Mäuse oder Ratten, können feinste Luft- und Wasserbewegungen über ihre Tasthaare wahrnehmen. Die Tasthaare sind für die Tiere überlebenswichtig. Hauskatzen verfügen neben den Tasthaaren im Gesicht über Mikrovibrissen an der Innenseite ihrer Vorderläufe. Damit besteht eine Spezialisierung der Tast-

haare. Während die Makrovibrissen der Schnauzenregion vorrangig zur Objektlokalisierung dienen, registrieren die Mikrovibrissen an Ober- und Unterlippe sowie an den Tatzen u. a. die Größe, Form und Materialeigenschaften von Objekten.

Technische Anwendungsmöglichkeiten für künstliche Barthaare nach dem natürlichen Prinzip „Kraft bewirkt eine Biegung des Sensors" liegen in der Robotik zur Erforschung fremder Planeten, der Tiefsee oder dem Inneren von Pipelines, um z. B. Verstopfungen zu lokalisieren, sowie der Messung von Strömungsgeschwindigkeiten. Letztere Technik verwendeten bereits russische U-Boote, um Schiffe oder andere U-Boote zu verfolgen.

❗ Seehund oder Seelöwe

Seehunde und Seelöwen kann man an ihren Flossen unterscheiden. Seehunde haben kleine Flossen, die sie stets nach hinten strecken. Deshalb „robben" sie an Land so unbeholfen herum. Seelöwen hingegen besitzen äußerst bewegliche Vorder- und Hinterflossen, wodurch sie sich auch an Land geschickt vorwärtsbewegen. Unter Wasser nutzen die Seelöwen allerdings ausschließlich ihre vorderen Flossen zur Fortbewegung.

Formgedächtnis

Organismen reagieren auf ganz unterschiedliche Reize. Die Bewegungen von Pflanzen stellen die Antwort auf Reizauslöser wie Licht, Wärme, Berührung, chemische Substanzen etc. dar. Während sich die Blüte des Enzians bereits bei einer dichten Wolke, die sich vor die Sonne schiebt, schließt, reagieren Tulpen und Gänseblümchen allein auf Wärme. Licht hat in diesem Fall keinen Einfluss auf das Öffnen und Schließen der Blüte. Die Tulpe blüht auch in dunkler Umgebung, wenn Wärme auf sie einwirkt. So wie diese Pflanzen auf die Temperatur reagieren, tun dies auch einige Kunststoffe. Man nennt sie Formgedächtnis-Polymere. Sie „erinnern" sich an eine frühere Form, die sie nach einer starken Verformung wieder annehmen können. Diesen Prozess bezeichnet man als Shape Memory-Effekt. Bei den Kunststoffen, die über diesen Formgedächtniseffekt verfügen, handelt es sich nicht um ein einziges Polymer, sondern um ganze Polymersysteme. Ausgelöst durch den Reiz Wärme, ergeben sich kleine Änderungen in der chemischen Struktur, die eine Umgestaltung des gesamten Polymersystems zur Folge haben und sich makroskopisch in einer Verformung zeigen.

Das erste Einsatzgebiet der Formgedächtnis-Werkstoffe wird voraussichtlich die Medizintechnik sein. Am GKSS Forschungszentrum in Teltow (Berlin) entwickelte man einen Prototyp für Fäden, die sich bei Wärme selbst verknoten. Hierdurch könnte man in der Medizin ideale Nähte nach einer Operation erzeugen.

Ultraschall zur Ortung und Kommunikation

Fledermäuse und einige Vögel nutzen Ultraschall zur Echoortung. Sie erzeugen im Ultraschallbereich liegende Schallwellen und werten die rückkehrenden Echos aus. Hierbei erhalten sie Informationen über

- Größe (Intensität des Echos)
- Entfernung (Zeitdifferenz zwischen Ruf und Echo)
- Richtung (unterschiedliche Ankunftszeit des Echos an den beiden Ohren)
- relative Geschwindigkeit (Dopplereffekt)
- Beschaffenheit bzw. Oberflächenstruktur (Interferenzen) des Objektes.

In der Technik wendet man das Prinzip der Echoortung u. a. beim Echolot zur akustischen Messung von Fluss- oder Meerestiefen an. Dazu sendet man einen Impuls im Ultraschall aus. Die vom Gewässerboden reflektierten Schallwellen registriert ein Empfänger. Aus der Laufzeitmessung der Schallwellen und der Ausbreitungsgeschwindigkeit ermittelt man die Tiefe. Die Schallgeschwindigkeit im Wasser hängt von der Temperatur und dem Salzgehalt ab; sie liegt durchschnittlich bei etwa 1500 Meter pro Sekunde.

In der Medizin setzt man unschädliche Ultraschallwellen als bildgebendes Verfahren (Sonografie) zur Untersuchung von organischem Gewebe ein. Das Prinzip der Echoortung hilft u. a. blinden Menschen bei der Orientierung im Raum. Sie erzeugen mit einem Gerät Klick-Töne. Trainierte Personen interpretieren die von nahe liegenden Objekten reflektierten Töne. So ist es ihnen möglich, Hindernisse zu umgehen.

Weitere Einsatzgebiet sind Ultraschallreinigungsgeräte, Hundepfeifen und Einparkhilfen. Bei der Einpark-Abstands-Kontrolle erhält der Autofahrer über ein akustisches Signal eine Information über die Entfernung des Fahrzeugs zu einem Hindernis. Sensoren an der vorderen und hinteren Stoßstange emittieren Ultraschallwellen, welche Hindernisse oder andere Fahrzeuge reflektieren. Das empfange-

! Dopplereffekt

Der akustische Dopplereffekt beschreibt die Veränderung der wahrgenommenen bzw. gemessenen Frequenz von Schallwellen, während sich eine Geräuschquelle und ein Beobachter einander nähern oder voneinander entfernen. Es ist zu unterscheiden, ob sich die Schallquelle, der Beobachter oder beide relativ zum Medium (der Luft) bewegen. Im Falle eines vorbeifahrenden Polizeiwagens mit eingeschaltetem Martinshorn bewegt sich die Schallquelle; der Beobachter befindet sich in Ruhe. Dadurch, dass der Wagen auf den Beobachter zu fährt, werden die Schallwellen gestaucht und folgen somit schneller aufeinander. Anders ausgedrückt: Die Wellenberge erreichen den Beobachter mit einer höheren Frequenz (Tonhöhe). Dadurch hören sich die Töne des Martinshorns beim Herannahen höher an. Ist der Polizeiwagen an dem Beobachter vorbeigefahren, verhält es sich umgekehrt: Die Schallwellen werden gedehnt und der Beobachter nimmt tiefer werdende Töne wahr.

ne Echosignal wertet eine Kontrolleinheit aus und berechnet die Entfernung zum Hindernis. Die Frequenz (Tonhöhe) der Töne steigt mit abnehmender Distanz zum Hindernis.

? Schon gewusst?

Als Interferenz bezeichnet man die Überlagerung von zwei oder mehreren (Schall-, Licht- oder Materie-) Wellen. Hierbei können sich die Wellen gegenseitig verstärken oder auslöschen. Das Interferenzprinzip erklärt die Interferenzmuster (Beugungsmuster) von Licht an einem Hindernis, ähnlich den Wellenformationen von Wasser hinter einer Kante oder einem Spalt.

Delfinfunk

Unter Wasser ist die Orientierung mittels Schall wegen der schlechten Sicht von Vorteil. Viele Fische erzeugen Töne unterschiedlichster Art. Als Taucher kann man z. B. Knack-, Knurr-, Klick-, Grunz- und Trommellaute wahrnehmen. Delfine nutzen Schallwellen im Ultraschallbereich vorrangig zur Kommunikation. Im Unterschied zu Lichtwellen absorbiert Wasser Schallwellen kaum. Zudem breiten sich Schallwellen über wesentlich größere Distanzen unter Wasser aus. Nachteilig sind die relativ niedrige Ausbreitungsge-

schwindigkeit und die hohe Störanfälligkeit von Schallwellen im Wasser. Störend wirken z. B. Wellen, Hindernisse (z. B. Fischschwärme) sowie Wasserschichten unterschiedlicher Temperatur und Salzkonzentration. Einzelne Signalkomponenten können so unterschiedliche Wege nehmen und mit unterschiedlichen Zeitabständen beim Empfänger eintreffen. So kommt es zu Überlagerungen, Verzerrungen und Nachhalleffekten. Trotz dieser vielfältigen Störfaktoren gelingt es Delfinen, über große Entfernungen miteinander zu kommunizieren. Der Trick des Delfingesangs ist dem „Partyeffekt" vergleichbar. So gelingt es uns Menschen, in einem überfüllten Raum mit starker Geräuschkulisse einer einzelnen Person zuzuhören. Die restlichen Stimmen blendet man einfach aus. Dies funktioniert jedoch nur, weil die Gespräche nicht monoton, sondern mit einer ausgeprägten Sprachmelodie erfolgen. Genau diesen Effekt nutzen Delfine. Sie variieren ständig die Frequenz (Tonhöhe) ihrer Basislaute (Trägerfrequenz). Erfolgt eine kontinuierliche Veränderung der Signalfrequenz, treffen die einzelnen Signalkomponenten zeitlich versetzt mit jeweils anderer Frequenz beim Empfänger ein. Hierdurch können die Delfine die Einzelinformationen identifizieren und bei der Signalverarbeitung wieder in die richtige Reihenfolge bringen. Mit dieser Basissignatur arbeiten alle Tiere einer Herde. Gleichzeitig verwenden die Delfine eine zweite Signatur, um die eigentliche Information zu kodieren. Zur Übertragung der Hauptinformation nutzen sie Amplituden-, Phasen- oder Frequenzmodulationen.

Bionik-Forscher der TU Berlin wendeten das Prinzip der variablen Trägerfrequenz an und entwickelten ein Unterwassermodem zur Datenübertragung. Diese Methode arbeitet mit dem S2C- (Sweep Spread Carrier) -Verfahren. Das unterseeische Signalübertragungsverfahren eignet sich besonders für Tsunami-Frühwarnsysteme. Hierzu installiert man einen seismischen Sensor, der die Aktivität am Meeresboden registriert

und diese Information über ein akustisches Signal an einen Empfänger in einer Boje an der Wasseroberfläche übermittelt. Von hier leitet man die Daten an einen Satelliten, der die Werte an die Warnstationen an Land weitergibt. Die zu überwindende Distanz zwischen Meeresboden und Wasseroberfläche kann bis zu fünf Kilometer betragen. Wellengang,

❗ Tsunami

Fast 90 Prozent aller Tsunamis (Flutwellen) resultieren aus Seebeben. Charakteristisch für die zerstörerischen Riesenwellen ist, dass sie auf dem offenen Meer fast unbemerkt bleiben. Erst beim Auftreffen auf die Küste verursachen sie katastrophale Schäden. Im Gegensatz zu Sturmwellen, bei denen sich lediglich die oberen Wasserschichten bewegen, bezieht eine Tsunamiwelle die gesamte Wassersäule vom Meeresboden bis zur Wasseroberfläche ein. Die Geschwindigkeit eines Tsunamis hängt von der Wassertiefe ab: Je tiefer, desto schneller. An der Küste verlangsamt sich zwar die Ausbreitungsgeschwindigkeit, die Wellenlänge verkürzt sich jedoch. Dies führt zu einem Anstieg der Wellenhöhe, bis es zur Brechung an der Küste kommt.

❓ Schon gewusst?

Der Begriff „Modulation" leitet sich vom lateinischen „modulatio" ab und steht für „Rhythmus". In der Nachrichtentechnik beschreibt die Modulation einen Vorgang, bei dem man ein zu übertragendes Nutzsignal (Informationsträger) in ein Trägersignal umwandelt. Dies dient dazu, ein für die Übertragung über ein bestimmtes Medium (z. B. Luft oder Wasser) geeignetes Frequenzband zu erhalten.

Fischschwärme und Schiffe stören die unterseeische Datenübertragung, weshalb herkömmliche Modems ungeeignet sind. Das Unterwassermodem, welches mit gespreizten Trägerfrequenzen arbeitet, übermittelt die Daten schnell und korrekt. Denn nur wenn die Warnmeldung wesentlich schneller an die Warnstationen gelangt, als die Tsunamiwelle sich ausbreitet, sind lebensrettende Maßnahmen möglich.

Elektroortung

Den Elektrosinn brachte die Natur hervor, um Organismen Lebensräume zu erschließen, in denen ihre übrigen Sinnesorgane versagen. Viele Fische verfügen über diesen Elektrosinn, um sich im trüben Wasser zu orientieren oder Beute aufzuspüren. Man unterscheidet zwischen der aktiven und passiven Elektroortung. Passive Mechanismen setzen z. B. Rochen, Haie, Aale und Welse sowie einige Lungenfische ein. Diese Meerestiere verfügen über spezielle Sinneszellen zur Wahrnehmung elektromagnetischer Felder. Selbst außerhalb des Lebensraums Wasser findet man diese Fähigkeit. So z. B. beim Schnabeltier und beim Ameisenigel. Aktive Elektrofische hingegen erzeugen selbst elektrische Felder und werten das registrierte elektrische Abbild ihrer Umgebung aus.

? Schon gewusst?

Schnabeltier

Die Schnabeltiere bilden zusammen mit den vier Arten der Ameisenigel die Gruppe der Kloakentiere, früher auch Gabeltiere genannt. Diese Ursäugetiere unterscheiden sich von allen anderen Säugetieren dadurch, dass sie keinen lebenden Nachwuchs zur Welt bringen, sondern Eier legen. Die fünf rezenten Arten leben ausschließlich in Australien und Neuguinea. Sie besitzen einen länglichen Schädel mit einem Schnabel, welcher mit Elektrorezeptoren zur Wahrnehmung elektrischer Felder ausgestattet ist. Über diese Sinneszellen nehmen die Tiere Muskelbewegungen ihrer Beutetiere (Krebse, Ameisen, Würmer etc.) wahr.

Passive Elektroortung und Seitenliniensystem

Jedes Lebewesen erzeugt durch seine Muskelbewegungen ein elektrisches Feld um sich herum. Da u. a. der Herzmuskel und die Atemmuskulatur elektrische Spannungen erzeugen, lassen sich

Beutetiere selbst dann aufspüren, wenn sie regungslos in einem Versteck verharren. Somit ist z. B. ein Katzenhai in der Lage, eine im Sand vergrabene Scholle aufzuspüren. Die Elektrorezeptoren, welche das elektrische Feld lokalisieren, leiten sich vom Seitenliniensystem ab. Das Seitenliniensystem von Fischen und einigen Amphibien ist ein sensorisches Organ. Über das Seitenliniensystem orten die Tiere die von Beutetieren erzeugten Wasserbewegungen. Jeder Fisch bewirkt durch seine Schwimmbewegungen unregelmäßige Wasserwellen (turbulente Strömungen), die z. B. Haie über große Entfernungen „spüren". Entlang der Körperseiten liegen auf der Haut oder in Kanälen (Gruben) Haarzellen, die in eine Gelmasse eingebettet sind. Wasserdruck lenkt die feinen Härchen ab. Das Gel verstärkt den mechanischen Reiz der Haarbewegung und leitet die Information an Nervenzellen weiter.

Aktive Elektroortung: Knatterer und Summer

Bei der aktiven Elektroortung erzeugen schwach elektrische Fische selbst elektrische Wellen oder Impulse. Mithilfe von Elektrorezeptoren auf ihrer Körperoberfläche registrieren sie Störungen im selbst erzeugten elektrischen Feld, wodurch sie Hindernisse, Beutetiere oder Artge-

nossen identifizieren. Bei den aktiven Elektrofischen unterscheidet man zwischen den Mormyriden (Elefantenfische und Nilhechte) und den Gymnotiden (Neuwelt-Messerfische oder Nacktaalartige). Die Mormyriden erzeugen mehrere 100 pulsförmige Entladungen pro Sekunde. Wandelt man ihre elektrischen Signale in akustische um, so knattern diese Fische, weshalb man sie auch Knatterer nennt. Die Gymnotiden hingegen produzieren sinusförmige elektrische Entladungen zwischen 20 und 4000 Hertz, was wie ein Summen klingt, weshalb man sie auch Summer nennt. Das elektrische Feld erzeugen die Elektrofische mit einem elektrischen Organ in ihrem Schwanzmuskel. Die Zellen dieses Organs sind umgebildete Muskelzellen. Die Detektion der Änderungen im elektrischen Feld erfolgt mit entsprechenden Rezeptoren.

Stark elektrische Fische: Zitterfische

Zu den elektrischen Fischen zählt man auch die stark elektrischen Fische, welche die elektrische Spannung hauptsächlich zur Jagd (Lähmung durch Elektroschocks) oder zur Abwehr von Fressfeinden einsetzen. Sie besitzen keine Elektrorezeptoren. Zu ihnen zählen Zitteraal, -wels und -rochen. Das elektrische Organ, welches die elektrischen Impulse hervor-

❗ Von Humboldt und seine Begegnung mit dem Zitteraal

Alexander von Humboldt

Anfang des 19. Jh. unternahm Alexander von Humboldt (1769–1859) seine berühmte Südamerikaexpedition. In seinen Aufzeichnungen finden sich seine Eindrücke zu einer Begegnung mit Zitteraalen:

„Die Furcht vor den Schlägen des Zitteraals ist im Volke so übertrieben, dass wir in den ersten drei Tagen keinen bekommen konnten. Unsere Führer brachten Pferde und Maultiere und jagten sie ins Wasser. Ehe fünf Minuten vergingen, waren zwei Pferde ertrunken. Der 1,6 Meter lange Aal drängt sich dem Pferde an den Bauch und gibt ihm einen Schlag. Aber allmählich nimmt die Hitze des ungleichen Kampfes ab, und die erschöpften Aale zerstreuen sich. In wenigen Minuten hatten wir fünf große Aale. Nachdem wir vier Stunden lang an ihnen experimentiert hatten, empfanden wir bis zum anderen Tage Muskelschwäche, Schmerz in den Gelenken, allgemeine Übelkeit."

Der Stromstoß des Zitteraals war zwar nicht direkt tödlich für das Pferd, doch so stark, dass er das Pferd betäubte, woraufhin es ertrank.

bringt, nennt man Elektroplax. Hiermit erzeugen die Fische eine elektrische Spannung von bis zu 1000 Volt mit einer elektrischen Stromstärke von bis zu 50 Ampere.

Technische Anwendungen: elektrische Multisensoren

Elektrofische erhalten über die elektrischen Ströme Informationen über Form, Größe, Materialbeschaffenheit und Aufenthaltsort von Objekten (Hindernisse, Beutetiere, Fressfeinde). Sensoren, die mehrere Informationen gleichzeitig liefern, sind für technische Anwendungen von großem Interesse. Mögliche Einsatzgebiete für Elektrosensoren sind Hochöfen, Kläranlagen oder die Erforschung der Tiefsee. Der große Vorteil der Sensoren für elektrische Ströme ist, dass sie – im Gegensatz zu vielen anderen Sensoren – unter schwierigen Bedingungen, wie z. B. hohem Druck und hoher Temperatur oder stark verschmutzter Umgebung einsatzfähig sind.

Elektrosensoren bestehen aus mehreren Elektroden, einem Verstärker, einem A/D-Wandler (Analog-Digital-Wandler) sowie einer

Computereinheit. Die Sensoren emittieren einen elektrischen Strom und messen das resultierende elektrische Feld. Den registrierten Strom verstärkt man und überträgt die Werte mithilfe des A/D-Wandlers auf einen Computer, der die Messdaten auswertet.

! EKG und EEG

Das Prinzip der passiven Elektroortung nutzt man z. B. in der Medizin bei der Erstellung von Elektrokardiogrammen (EKG) oder Elektroenzephalogrammen (EEG). Das EEG misst die Hirnströme an der Kopfoberfläche. Ein EKG (Herzstromkurve) zeichnet die elektrische Aktivität, die vom Herzen ausgeht, auf.

Wärmeortung

Durch Blitzschlag ausgelöste Waldbrände sind ein Bestandteil der Natur. Doch weniger als 10 Prozent der europäischen Waldbrände lassen sich auf natürliche Ursachen zurückführen. Somit treten Flächenbrände in Mitteleuropa nur extrem selten in Erscheinung. Schwerwiegender sind Waldbrände, die auf menschliches Zutun zurückzuführen sind. Sie entwickeln sich häufig zu Katastrophen, die der Mensch nur schwer eindämmen kann. Für unkontrollierbare, alljährlich wieder-

kehrende Waldbrände wünscht man sich kostengünstige und effektive Brandmelder, zu deren Entwicklung der fingernagelgroße, schwarze Kiefernprachtkäfer einen entscheidenden Beitrag leisten könnte. Denn der Prachtkäfer hat sich den Lebensraum „frische Brandflächen" erschlossen. Der Holz fressende Käfer ist ein lebender Brandmelder, der das Feuer über mehrere Kilometer Entfernung ausmachen kann. Unmittelbar nach dem Brand legen die Weibchen ihre Eier in die verkohlte Baumrinde. Da die meisten anderen Insektenarten frische Brandflächen meiden, können sich die Larven des Prachtkäfers nahezu konkurrenzlos entwickeln.

Der pyrophile Käfer besitzt zur Ortung von Waldbränden spezielle Sinnesorgane, die Wärmestrahlung (Infrarotstrahlung) registrieren. Es handelt sich dabei um Kleinsinnesorgane, die sogenannten Sensillen. Diese sind insbesondere bei Gliederfüßern verbreitet, da sie über ihr starres Außenskelett keine chemischen oder mechanischen Reize aufnehmen können. Es handelt sich bei den Sensillen meist um Haare oder Poren, die als Sinnesorgane für die Reizaufnahme dienen. Beim Kiefernprachtkäfer bestehen sie aus kleinen Kugeln, die von einer hauchdünnen kugelförmigen Chitinschicht überzogen sind. Diese

Schicht absorbiert exakt die infrarote (IR) Strahlung, die bei einem Waldbrand entsteht. Die Infrarotfühler des Kiefernprachtkäfers sind abgewandelte Mechanosensoren. Die Detektion erfolgt in mehreren Schritten: Zunächst bewirkt die Wärmestrahlung eine Ausdehnung der Chitinmoleküle, welche die Außenhaut der Sensillen bilden. Dies erzeugt einen Druck (mechanischer Reiz), welchen der fingerförmige Fortsatz, der Mechanorezeptor, an der Basis der Chitinkugel, registriert. Der Mechanorezeptor wandelt die mechanischen Kräfte in Nervenerregung um und leitet sie an das Nervensystem weiter.

Einen Prototyp für einen wärme- und druckempfindlichen Detektor nach dem Vorbild des Kiefernprachtkäfers entwickelten Forscher der Universität Bonn. Sie verwendeten ein Plastikplättchen, das Infrarotstrahlung absorbiert und sich bei Wärmestrahlung ausdehnt, wobei es einen Impuls an einen Sensor leitet. Obwohl der Prototyp des neuartigen Infrarotdetektors noch nicht an die Leistungsfähigkeit handelsüblicher Brandmelder heranreicht, ist er doch robuster und vor allem kostengünstiger in der Herstellung.

Neurobionik

Der Forschungszweig der Neurobionik befasst sich mit dem menschlichen Gehirn, dem Nervensystem sowie der Informationsaufnahme und -verarbeitung. In der interdisziplinären Forschung arbeiten Biologen, Neurowissenschaftler, Verfahrens- und Medizintechniker eng zusammen. Ein Teilgebiet stellt die Neuroprothetik dar. Hier versucht man, zerstörte Nervenbahnen oder Ner-

! Chitin

Chitin ist eine Art der Zellulose und damit ein Polysaccharid. Chitin ist demnach ein Makromolekül, das sich aus mehreren hundert bis zehntausend Glucose (Zucker)-Molekülen zusammensetzt. Es ist ein Hauptbestandteil der Zellwand von Pilzen und des Exoskeletts von Krebsen, Insekten, Tausendfüßern, Spinnen und einigen anderen Tieren.

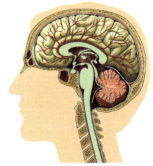

Querschnitt des menschlichen Gehirns

venkontakte nach Krankheiten oder Unfällen wiederherzustellen und funktionstüchtige Prothesen zu schaffen, die der Patient selbst steuert. Ein weiteres Ziel der Neuroprothetik ist der Ersatz verloren gegangener Sinne. Hier forscht man an medizinischen Verfahren, wie z. B. der Implantation von Mikrochips, um blinden oder tauben Menschen die Seh- bzw. Hörfähigkeit zumindest teilweise zurückzugeben.

Ein wichtiger Bereich ist hier die Entwicklung von sogenannten Gehirn-Computer-Schnittstellen (Brain-Computer Interfaces), welche die Steuerung der künstlichen Gliedmaßen oder Sinnesorgane übernehmen. Diese Forschungen sind für den Bereich der Robotik ebenso bedeutend. So ist ein traditioneller Roboter nur dann intelligent, wenn die Umwelt in sein vorprogrammiertes Schema passt. Aufgaben, die nicht im Programm berücksichtig sind, kann er nicht erledigen; unverhoffte Hindernisse nicht überwinden. Hier sollen u. a. neuronale Netze weiterhelfen. Die sich selbst organisierende Struktur und Informationsarchitektur von Gehirn und Nervensystem bei Mensch und Tier dienen als Vorbild für die Arbeitsweise künstlicher neuronaler Netze. Hier knüpft die Neuroinformatik zur Entwicklung künstlicher Intelligenzen an. In der Informatik geht es dabei weniger

um das Nachbilden biologischer neuronaler Netze, sondern vielmehr um eine Abstraktion der Datenverarbeitung mit dem Ziel eines intelligenten Verhaltens von Maschinen.

Eine weitere relativ junge Forschungsdisziplin stellt die Neurotechnik dar. Sie nutzt Methoden der Ingenieurwissenschaften zur Erforschung des biologischen Nervensystems. Die Neurotechnik greift auf Wissensbereiche der Neurologie, Elektrotechnik, Informatik, Mikrosystem- und Nanotechnik zurück. In dieser bionischen Wissenschaft versuchen Neurotechniker, neuronale System zu beschreiben und zu verstehen, um daraus technologische Anwendungen abzuleiten. Anders herum existieren ebenfalls Forschungsansätze zur Entwicklung von Technologien, die in biologischen Systemen zum Einsatz kommen (Neuroprothetik).

Neuroprothetik

Neuroprothesen sollen nicht mehr einfach nur ästhetisch verlorene Gliedmaßen ersetzen, sondern ganz oder teilweise wie natürliche Extremitäten auf Nervenimpulse reagieren und ebenso beweglich sein. Dabei übernehmen mikroelektronische Implantate die Signalübertragung. Die Steuerung der bionischen Prothesen soll zukünftig direkt durch das Gehirn des Patienten erfolgen. Der Biomechaniker David Gow ist einer der Pioniere auf diesem Gebiet. Er entwickelte u. a. künstliche Hände für Kinder. Zu den Probanden zählten Kinder, denen von Geburt an Teile der Hand fehlten. Den jungen Patienten kommt ihr noch sehr anpassungsfähiges Gehirn zugute. Denn sie lernen schnell den Umgang mit den technischen Hilfsmitteln. Trotzdem bedarf es einiger Übung, um z. B. ein Eis mit der Prothesenhand so zu halten, dass es weder zerbricht noch herunterfällt.

Handamputierte Menschen können sogar auf die Rückgewinnung ihres Tastsinns hoffen. Neuartige Prothesen „fühlen" über den akustischen Umweg. Dazu registrieren winzige Mikrofone Vibrationen, die ein in der Hand rutschendes Objekt verursacht. Als Reaktion verstärkt sich der Druck der künstlichen Hand auf das Objekt, sodass es nicht herunterfällt. Die Steuerung der Muskelbewegungen übernehmen Mikroprozessoren, welche den veränderten elektronischen Impuls aufnehmen, verarbeiten und an den Muskel weiterleiten. Anwendbar ist diese Art der mechanischen Steuerung z. B. für Fuß- bzw. Beinprothesen, die normales Laufen ermöglichen.

Fehlt einem Patienten ein ganzer Unterarm, so fehlen ihm die notwendigen Muskeln zur Umsetzung der elektrischen Impulse. Hier benötigt man Ersatzmuskeln und -gelenke. Erste Erfolge bei der Konstruktion technischer Muskeln und künstlicher Gelenke verzeichneten Forscher des Fraunhofer Instituts für Produktionstechnik und Automatisierung. Sie entwickelten zunächst nach dem Vorbild eines Elefantenrüssels einen Roboterarm. Der Rüssel des Elefanten dient dem Tier zum Greifen und Trinken. Die Dickhäuter tragen schwere Lasten und drücken Bäume mit ihrem Rüssel um. Gleichzeitig können sie sehr feinfühlige Bewegungen mit ihrem Rüssel ausführen.

Mit dem technischen Muskel erreichten die Entwickler das Beugen und Strecken eines künstlichen Ellenbogengelenks. Hierzu verbindet eine hochfeste und flexible Schnur zwei zueinander bewegliche Teile. In der Schnurmitte befindet sich eine Antriebswelle. Als Antrieb verwenden die Techniker einen elektrischen Kleinmotor. Die künstlichen Muskeln sind robust, wartungsfrei und einfach zu steuern, wodurch sie sich gut für mobile Anwendungen eignen. Das nachgebildete Ellen-

Handprothese

bogengelenk verfügt über insgesamt vier künstliche Muskeln: zwei Beuger und zwei Strecker, womit die Nachahmung der Bewegung des Ellenbogens möglich ist.

Einen Ersatz für mechanische Übertragungen im Innenohr bieten sogenannte Cochlea-Implantate. Dies sind Hörprothesen für Gehörlose, deren Hörnerv funktionsfähig ist. Das Implantat reizt den Hörnerv und ersetzt die mechanische Schallübertragung über das Innenohr und die Umsetzung eines elektrischen Impulses durch die Haarzellen. Die Hörqualität reicht bei Weitem nicht an das natürliche Hören heran, doch in vielen Fällen ist sie ausreichend, um Sprache zu verstehen. Ist auch der Hörnerv beeinträchtigt, so setzt man ein Hirnstammimplantat ein. Es handelt sich hierbei um ein modifiziertes Cochlea-Implantat, das direkt den ersten Hörkern im Hirnstamm stimuliert. Das Implantat befindet sich hinter der Ohrmuschel im Schädelknochen.

Im Bereich des Sehens unterscheidet man ebenfalls zwischen Implantaten, welche die Funktion der Netzhaut übernehmen, und solchen, bei denen man sowohl die Netzhaut als auch den Sehnerv ersetzt. Netzhautimplantate bestehen aus einem lichtempfindlichen Mikrochip, den man in das Auge implantiert. Er leitet die Helligkeitsinformationen an den intakten Sehnerv weiter. Solche Implantate eignen sich für Patienten, die z. B. an der Erbkrankheit Retinitis Pigmentosa leiden. Hierbei versagen nach und nach die lichtempfindlichen Zellen der Netzhaut ihren Dienst. Da diese Menschen zunehmend weniger Lichtreize aufnehmen können, engt sich ihr Gesichtsfeld mit der Zeit ein, bis sie schließlich gänzlich erblinden. Das künstliche Auge, eine kleine Kamera in einer Brille und einem Mikroprozessor am Sehnerv, soll diesen Patienten wenigstens das Schwarz-Weiß-Sehen

> ! **Hörschnecke**
>
>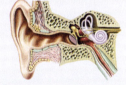
>
> *Hörschnecke und Bogengänge (violett)*
>
> Die Hörschnecke (lateinisch: Cochlea) gliedert sich in drei flüssigkeitsgefüllte Gänge: Vorhof, Schneckengang und Paukentreppe. Feine Härchen in den Gängen biegen sich durch die Bewegungen der Flüssigkeit und lösen Nervenimpulse aus, die sie an den Hörnerv weiterleiten. Zum Innenohr zählt neben der Hörschnecke der Gleichgewichtssinn mit den Bogengängen.

> **! Muskeln und Bewegung**
>
> Zur Durchführung einer Bewegung benötigt man immer zwei Muskeln, z. B. den Beuge- und den Streckmuskel. Der Muskel arbeitet, indem er sich verkürzt (Kontraktion). Hierzu schieben sich die fadenförmigen Muskelfasern ineinander. Die Rückkehr in den ursprünglichen Zustand erfolgt durch Erschlaffung des Muskels, wobei dieser jedoch keine Arbeit leisten kann. Deshalb benötigt man den Gegenspieler bzw. Antagonisten.

wieder ermöglichen. Schwierigkeiten bereitet derzeit die Fixierung des Implantats auf der Netzhaut. Erfolgversprechend sind hier biochemische Lösungen. Durch eine Mikrostrukturierung in Form minimaler Löcher erfolgt in kurzer Zeit ein „Festwachsen", da umliegende Zellen durch diese Löcher hindurchwachsen.

Menschen, bei denen zusätzlich zur Netzhaut der Sehnerv geschädigt ist, benötigen ein Implantat, welches direkt das Sehzentrum auf der Hirnrinde reizt. Hierzu existieren bereits einige Prototypen, welche jedoch noch weit von der Anwendungsreife entfernt sind.

Künstliche neuronale Netze

Künstliche neuronale Netze arbeiten mit synthetischen Neuronen. Informationstechnische neuronale Netze bestehen im Allgemeinen aus einer Menge einfach aufgebauter und komplex miteinander verknüpften Informationsverarbeitungseinheiten, den sogenannten Knoten (Neuronen). Sie sind über gewichtete Verbindungen (Signale) miteinander verbunden. Die Stärke eines Signals ist von der Gewichtung der Verbindung abhängig. Die Interaktion vieler einfacher Baueinheiten (Neuronen) ermöglicht so die komplexe Leistung des Ganzen. Ein Vorteil dabei ist, dass die einfachen Bausteine flexibel sind und man sie leicht modifizieren kann.

Solche künstlichen neuronalen Netze sind in der Lage, aus Beispielen zu „lernen". Dies geschieht über Veränderungen der

> **? Schon gewusst?**
>
> In der Bundesrepublik Deutschland leiden etwa 30.000 bis 40.000 Menschen an der derzeit noch unheilbaren Erbkrankheit Retinitis Pigmentosa.

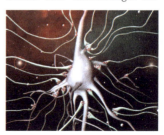

Neuron

Gewichtung (Signalstärke) im Netz. So „trainiert" man neuronale Netze mit Daten aus der Vergangenheit und Gegenwart. Das System lernt also, wie sich Zustände in der Vergangenheit entwickelten und stellt entsprechende Regeln auf. Damit erreicht das künstlich erschaffene neuronale Netz die Fähigkeit zur Assoziation, also zur Verknüpfung von Einzelaspekten. Je nach Güte der eingegebenen Daten lassen sich anschließend Vorhersagen über künftige Entwicklungen treffen, da die zugrunde liegende Struktur weitgehend konstant bleibt. Die Qualität dieses Verfahrens ist rein mathematischen Methoden überlegen. Über eine große Datenbasis lässt sich der Fehlerbereich der Prognose deutlich einengen. So lassen sich bestimmte Probleme zwar mit größerem numerischen aber geringerem theoretischen Aufwand lösen als bei entsprechenden statistischen Verfahren. Allerdings fehlt es an Erklärungen für die gelieferten Ergebnisse, und der Lernaufwand kann recht aufwendig sein. Die Genauigkeit ist jedoch höher, und anschließende Berechnungen bzw. Übertragungen auf ähnliche Problemstellungen nach dem erfolgten Lernprozess liefern deutlich schneller ein Ergebnis als herkömmliche Verfahrensweisen.

Einsatzgebiete solcher Netzanwendungen stellen z. B. wirtschaftliche Prognosen von Aktienkursen, Preis- und Auftragsentwicklungen dar. Ein weiterer Bereich ist die Datenanalyse mittels neuronaler Netze. So ist z. B. die Analyse der Kreditwürdigkeit ein Mix aus objektiven Daten und subjektiven (persönlichen) Einschätzungen des Sachbearbeiters. Im Fall des neuronalen Netzes zur Kreditwürdigkeitsprüfung speist man es mit den Daten alter Kreditverträge und den zugehörigen kundenspezifischen Merkmalen (z. B. ermittelt aus Fragebögen) sowie den Angaben zum Kapitalrückfluss. Das neuronale Netz lernt somit, welche Kriterien gute von schlechten Kreditnehmern unterscheiden. Weitere Anwendungsmöglichkeiten für neuronale Netze liegen u. a. in der Qualitätssicherung, z. B. durch digitale, akustische oder sensorische Mustererkennungen zur Prüfung der Produktqualität.

Natürlich sollen künftig auch Roboter und Androiden mithilfe von neuronalen Netzen lernen. Der Laufroboter „RunBot" des Bernstein Zentrums an der Universität Göttingen verfügt über ein Infrarotauge, mit dem er Steigungen erkennen kann. Ebenso wie das menschliche Auge löst das Signal des Infrarotauges eine Umstellung der Gangart aus. Hierzu musste „RunBot" jedoch zunächst aus seinen Stürzen – ähnlich wie ein Kind – lernen. Durch die Fehler (Stürze) lernt das neuronale Netz, welche Bewegung auf welche Informationen des Auges folgen muss.

! Sicherheit gegen Unterschriftenfälscher

Der Fortschritt in der Qualität im Bereich der Bildverarbeitung, insbesondere der Texterkennung (OCR: Optical Character Recognition), vereinfacht betriebliche Abläufe. So scannt man u. a. Belege und Lieferscheine ein und speichert die Informationen digital. Bei der Echtheitsprüfung einer Unterschrift fließen zusätzliche Kriterien des dynamischen Unterschriftsprozesses ein. Hierzu zählen z. B. die Geschwindigkeit einzelner Linienzüge, Druckkräfte des Stiftes und das Absetzen an bestimmten Stellen im Schriftzug. Durch den Einsatz neuronaler Netze, welche diese dynamischen Parameter miteinbeziehen, erreicht man eine höhere Sicherheit gegen Unterschriftenfälschungen.

Biospeicher

Künstliche neuronale Netze sind im Prinzip Softwareprodukte. Doch auch im Hardwarebereich experimentiert man mit sich selbst organisierenden biologischen Bauteilen. Gemeint sind hier insbesondere zukünftige Speichertechnologien. Konventionelle Speicher heutiger Computersysteme erreichen bald ihre Grenzen. Man erwartet für die Zukunft Speicher, die parallel, assoziativ und damit architektonisch ähnlich wie biologische Systeme arbeiten. Aus einem RAM-Speicherbaustein wird so ein intelligentes RAM. Gerade die parallele Arbeitsweise verspricht große Leistungen und hohe Verarbeitungsgeschwindigkeiten. Speicherfavoriten sind Proteine. Sie reagieren etwa 1000-mal schneller auf Licht, als RAM-Speicher ihren Binärzustand wechseln. Bisher bremsen jedoch langsame Laser die angestrebten Geschwindigkeiten. Ein großer Vorteil des Einsatzes von Biomasse ist der kostengünstige Herstellungspreis bei hohen Stückzahlen im Vergleich zu Halbleitern aus Silizium oder ähnlichen Materialien.

? Schon gewusst?

Ein RAM (engl. random access memory) ist ein Speicher mit wahlfreiem Zugriff. Die Bezeichnung „wahlfrei" bedeutet in diesem Zusammenhang, dass man jede Speicherzelle über ihre Speicheradresse direkt ansprechen kann und der Speicher somit nicht umständlich sequenziell oder in Blöcken auszulesen ist. RAMs verwendet man als integrierte Schaltkreise in allen Arten von elektronischen Geräten, insbesondere als Arbeitsspeicher bei Computern.

Ausblick

Um von der Natur zu lernen, ist noch viel Grundlagenforschung notwendig. Denn erst wenn die Funktionsweisen verstanden sind, kann man sie auf technische Anwendungen in abstrahierter Form übertragen. Der Weg zu einer echten bionischen Anwendung erstreckt sich über die vier Teilstrecken:

Leonardo da Vinci

1. Entdeckung eines biologischen Phänomens
2. Verständnis des zugrunde liegenden Prinzips
3. Übertragung des natürlichen Prinzips auf technische Fragestellungen
4. Erfindung eines technischen Anwendungsprozesses

Die Nutzung moderner Methoden und Denkansätze sowie die zunehmende Interdisziplinarität der Forschungsbereiche stellen ein hohes Potenzial für innovative Anwendungen dar. Neue Produktionsmethoden ermöglichen zudem die technische Umsetzung neuer Ideen bei vertretbaren Herstellungskosten.

Trend: Nanotechnologie

In den vergangenen Jahren unterlag der Begriff „Bionik" einem Wandel. Früher verband man Bionik in der Regel mit den ersten Flugmaschinen von Leonardo da Vinci. Doch der Bereich der Fortbewegung ist heute nicht mehr Hauptbestandteil der bionischen Forschung. Viel mehr Raum nehmen nanotechnologische Fragestellungen im Bereich der Oberflächen (Nanostrukturen, Beschichtungen und natürliche Klebstoffe), Leichtbauweisen und die Herstellung neuer Materialien ein. Ein weiteres großes Feld kommt der Sensorik im Bereich der Robotik und Prothetik zu. Die Anwendungsfelder sind groß, und im Vordergrund der Forschung stehen naturverträgliche technische Systeme auf molekularbiologischer Ebene. Auf diesem Gebiet befindet sich Deutschland mit an der Forschungsspitze. Die Nano- und Biotechnologie besitzt das Potenzial, zur Schlüsseltechnologie des 21. Jh. zu expandieren. Noch befindet sich vieles im Forschungsstadium, doch es entstehen vermehrt kleinere Unternehmen, die neue Technologien zur Marktreife führen.

Neue Produktionstechniken für neue Werkstoffe

Bislang ging man in der Technik den Weg vom Großen zum Kleinen. So fräste, sägte oder schnitt man ein Werkstück auf die passende Größe zurecht, bis es den technischen Anforderungen genügte. Traditionelle Produktionsmethoden sind deshalb stark materialbetont. Neuere Methoden erlauben eine strukturorientierte Produktionsweise, die sich näher an den Konzepten der Natur orientiert. Hierbei geht die Natur den umgekehrten Weg, nämlich vom Kleinen zum Großen: vom Atom über das Molekül zum Gewebe bis hin zur Gesamtstruktur. Diese Vorgehensweise ermöglicht die Schaffung neuer Materialien und Werkstoffe mit neuartigen Eigenschaften. Bei der Entwicklung neuer Werkstoffe ist die Einbettung der Herstellungsprozesse und der Produkte in die natürlichen Stoffkreisläufe ein zunehmend wichtiger Aspekt. Zukünftige Produktionsabläufe müssen unter minimalem Einsatz von Material und Energie erfolgen, und das endgültige Produkt muss recyclingfähig sein. Marktpotenziale für ökologisch sinnvolle Produkte liegen z. B. im Bereich der Informations-, Umwelt-, Energie- und Fertigungstechnik.

Bottom-up und Top-down

Bei Herstellungsprozessen unterscheidet man zwischen zwei entgegengesetzten Vorgehensweisen zur Lösung eines Problems: Bottom-up und Top-down.

Als Bottom-up bezeichnet man Methoden und Erkenntnisse, die aus der Grundlagenforschung kommen und sich zu einem neuen Produkt entwickeln, an das man vorher nicht gedacht hat. Grob übersetzt bedeutet Bottom-up „von unten nach oben" oder „vom Einzelnen zum Ganzen". Bei diesem Verfahren setzt man nanotechnologische Produkte Schritt für Schritt aus einzelnen Atomen und Molekülen zusammen. Ein Beispiel für solch eine Entwicklung stellt der Lotuseffekt dar. Einerseits bringt diese Vorgehensweise neue kreative Lösungen hervor, andererseits bedarf dies relativ langer Entwicklungszeiten.

Die gegenteilige Vorgehensweise Top-down meint so viel wie „von oben nach unten" bzw. „vom Ganzen zum Einzelnen". Bei diesem Verfahren steht eine konkrete Fragestellung zur Lösung eines technischen Problems im Raum. Man sucht dann nach biologischen Vorbildern, die eine Antwort für das technische Rätsel bereithalten. Ein Beispiel für ein Top-down-Verfahren ist die Herstellung von Computerchips, bei der man ein mikroskopisches Objekt immer weiter verkleinert, bis man eine geeignete Struktur mit Abmessungen im Nanometerbereich erhält. Bei dieser Arbeitsweise sind zwar keine großen Innovationssprünge möglich, dafür sind die Entwicklungszeiten deutlich geringer.

Register

A
adaptive Flügel 60
Adhäsion 37
Aktionspotenzial 106
Ameisenlöwe 15
Analogie 15
Androiden 71
anisotrop 77
Anthropobionik 74
Antireflexions-
  beschichtung 44
archimedisches Prinzip
  49
Architektur 91
ASIMO 74
Auftrieb 48
Autofelge 82
Autoreifen 41

B
Baker, Matthew 8
Bambus 92
Barthlott, Wilhelm 27
Baum 88
Benetzbarkeit 30
Berblinger, Albrecht
  Ludwig 52
Bernoulli, Daniel 50
Bionik 15
Biospeicher 124
Bottom-up 126
Brain-Computer-Interfa-
  ces 119
Brandmelder 117
Brechung 43
Burj Al Arab 95

C
CAO-Methode 89
Cayley, Sir George 8,
  52
Chitin 118
Clownfisch 107
Cochlea-Implantat 121

D
Dädalus 5
Darwin, Charles 21
Delfinfunk 112
Dendrit 107
Dispersion 38
Dopplereffekt 111
Drexler, Kim Eric 23

E
Echoortung 110
Eisbär 97
Eisenbahnbrücke 16
Elastizität 87
Elektrosensoren 116
Elektrosinn 114
Erdhaus 96
Ergonomie 74
Etrich, Igo 53
Evolution 19

F
Fächerfisch 64
Fallschirm 7
Festigkeit 80
Fett 88
Fischleim 35
Fischroboter 69
Flossenantrieb 67
Flügel, adaptive 60
Fluid 51
Formgedächtnis 110
Fotosynthese 46
Francé, Raoul Heinrich
  10
Frühwarnsystem 113
Fry, Arthur 38

G
Galilei, Galileo 9
Gehirn-Computer-
  Schnittstellen 119
Gelenk 16
gleichwarm 96
Gleitflug 55
Gow, David 120
Griffin, Donald 18
Guarmehl 62
Gummibär 36

H
Hafthärchen 40
Haftkleber 38
Hai 64
Handprothese 120
Haut 102
Heißluftballon 49
Hohlröhren 92
Holz 79
Hörschnecke 121
Hörsinn 103
Humboldt, Alexander
  von 116
hydrophil/hydrophob 30

I
Ikarus 5
Illner, Karl 53
Impuls 17
Infrarotdetektor 118
Interferenz 112
isotrop 77

K
Känguru 72
Kannenpflanze 29
Kapuzinerkresse 27
Kautschuk 42
Kerbspannung 88
Kevlar 84
Kiefernprachtkäfer 117
Kieselalgen 82
Klebstoff 34, 36
Klettverschluss 39
Klimabionik 94
Knatterer 115
Knochen 90
Knochenleim 35
Kofferfisch 63
Kohäsion 37
Kollagen 34
Kreuzgang 72
Kreuzrippengewölbe 92
Kühlrippen 100

L
Lehm 34, 95
Leonardo da Vinci 7
Lichtgeschwindigkeit
  44
Lichtreflexion 98
Lilienthal, Otto 52
Limbeck, Zdenko von
  69
Lorenz, Konrad 106
Lotos 25
Lotuseffekt 24, 27
Luftfahrt 54
Luftfahrtpioniere 51
Luftzirkulation 99

M
Material 20, 77
Mattheck, Claus 89
Medizintechnik 74
Mestral, Georges de 39
Methode der Zug-
  dreiecke 87
Mikroblasen 66
Militär 12

127

Minotaurus 6
Modulation 113
Mohnkapsel 11
Morphofalter 26
Mottenaugen 44
Multisensoren 116
Muskel, technischer 120
Mutation 21

N
Nanotechnologie 22
Nautilus 78, 80
Nervenzelle 104
Neurobionik 102, 118
neuronale Netze 119, 122
Neuroprothetik 119
Newton, Isaac 17

O
Oberflächenparadoxie 28
Oberflächenspannung 29
Oberflächenver-siegelung 32
oleophob 32
Ornithopter 57
Osagedorn 10

P
Palmblatt 91
Passgang 72
Passivlüftung 99
Patent 12
Paulus, Käthe 8
Perlboot 78, 80
Perlmutt 79
Pinguin 63, 66
Planck, Max 14
Pneustruktur 92
Prägung 106
Prinzip, archimedisches 49
Protein 36
Prothese 75

Q
Qualle 108

R
RAM 124
Rastertunnelmikroskop 23

Rechenberg, Ingo 20
Reflex 105
Reflexion 42
Reibungswiderstand 64
Reiz 104
Retinitis Pigmentosa 121
Reynoldszahl 57
Ribletfolie 65
Roboter 70
Robotik 13, 74
Röntgenteleskop 47
Rückstoßprinzip 17
Ruderflug 55
RunBot 123
Rüttelflug 56

S
Salzstreuer 11
Sandfisch 85
Schalenstruktur 82
Schallmauer 54
Schildkrötenpanzer 81
Schlaufenpropeller 60
Schlüsseltechnologie 125
Schnabeltier 114
Schwirrflug 57
Seehund 109
Segelflug 55
Sehsinn 103
Seitenliniensystem 114
Selbstreinigungseffekt 31
Selbstreparatur 84
Selektion 21
Sensor 108
Sensorik 101
Shape Memory 110
Silikon 32
Sinne 101
SKO-Methode 90
Solarzellen 45
Sonnencreme 107
Sonnentau 34
Sonografie 111
Spalanzani, Lazzaro 18
Spannung 86
Spindelrumpf 64
Spinnenseide 83
Springspinne 73
Stabheuschrecke 72
Stacheldraht 9
Steele, Jack 13
Steifigkeit 80

Stromlinienform 63
Strömungsmechanik 59
Strömungswiderstand 61
Struktur 77
Summer 115

T
Taniguchi, Norio 23
Tasthaar 108
Taucherflossen 61
technischer Muskel 120
Temperaturregulation 96
Tenside 33
Termiten 99
Thunfisch 70
Tiefensensibilität 102
Top-down 126
Tragschrauber 58
Tsunami 113
ultraphob 33
Ultraschall 18, 110
Unterschriften-fälschung 124
Unterwasserflug 57

V
Van-der-Waals Kraft 40
Verbundmaterial 78
Verfahrensbionik 86
Vibrissen 108
Vision Bionik Tower 93
Visual Tree Assessment 89
Vrančić, Faust 8

W
Wabenstruktur 80
Wallace, Alfred Russel 21
Wärmedämmung 98
wechselwarm 96
weiß 98
Wiesenbocksbart 7
Winglets 59
Wolkenkratzer 94
Wright, Gebrüder 53

Z
Zitterfisch 115
Zugdreiecke 87